Christian Dunker
Gilson Iannini

CIÊNCIA POUCA É BOBAGEM — POR QUE PSICANÁLISE NÃO É ~~PSEUDOCIÊNCIA~~

7   *Prefácio* – Tatiana Roque

15   Introdução

PARTE I
NEM CIÊNCIA NEM PSEUDOCIÊNCIA

52   1. Advogando pelo diabo

59   2. Corvos repousam nos braços do espantalho

70   3. Fake news na ciência?

79   4. Divulgação científica ou controvérsia inconsequente?

84   5. A postulação da psicanálise como ciência em Freud

92   6. A postulação da psicanálise como ciência em Lacan

100   7. Ciência como método, técnica e visão de mundo

PARTE II
PSEUDOCIÊNCIA, PSEUDOTECNOLOGIA E PSEUDOEPISTEMÓLOGOS

117   8. Popper e a pseudociência

134   9. As biografias de Freud importam?

142   10. A crítica de Grünbaum

151   11. É possível validar experimentalmente hipóteses psicanalíticas?

157   12. Psicologia Baseada em Evidências

169   13. Placebo, nocebo e outros efeitos simbólicos

187   14. Evidências da eficácia da psicanálise

PARTE III
ANATOMIA DO MÉTODO CIENTÍFICO EM PSICANÁLISE

211   15. A estética do método

222   16. Natureza e linguagem na concepção de causalidade
em psicanálise

239   17. A crítica dos conceitos

251   18. Racionalidade e contingência

260   19. A cientificidade da psicanálise

270   Conclusão

284   *Sobre os autores*

Prefácio
Tatiana Roque

Na hora do eclipse, a cidade de Sobral estava em polvorosa. Os cientistas ingleses chegaram meses antes e ficaram hospedados na casa de um deputado. A seca assustava os visitantes, mas nada os demoveria da missão a que se destinavam no Ceará: comprovar (ou não) a teoria da relatividade geral de Albert Einstein. Moradores chegaram a quebrar vidraças para conseguir pedaços de vidro que, escurecidos por velas, serviriam de lentes para olhar o céu: "A casa de um nosso vizinho, na sua ausência, pois andava também vendo o eclipse, sofreu um terrível ataque, e uma das portas de sua linda habitação ficou sem duas lâminas das maiores e mais preciosas", publicou o jornal *Folha do Litoral*.

O acontecimento do dia 29 de maio de 1919 foi um dos mais marcantes da primeira metade do século XX. Porque comprovava nada mais nada menos que uma das teorias mais revolucionárias do século. Outras comprovações vieram, e nem o maior esforço de imaginação retrospectiva seria capaz de atualizar o impacto disso na ciência da época. Não apenas da ciência tal como feita pelos cientistas mas também tal como vista pela intelectualidade e pelo público em geral.

A relatividade turbinou o debate sobre os critérios de validação das afirmações científicas. Como enunciados contraintuitivos são formulados? Como demonstrar que são válidos a partir da experiência? Essas questões ganhavam novos contornos quando se tratava de fenômenos que não eram observáveis facilmente, vide toda a parafernália em torno do eclipse.

Qualquer pessoa interessada nos modos de validação da ciência ficaria impactada pelo evento, e havia muita gente pensando sobre isso. Era o caso de Karl Popper, filósofo nascido em Viena cujas reflexões sobre pseudociências têm sido retomadas, como nas acusações a que este livro responde. "Todos nós – o pequeno círculo de estudantes ao qual eu pertencia – vibramos ao tomar conhecimento dos resultados da observação de um eclipse empreendida por Eddington, em 1919, a primeira confirmação importante da teoria da gravitação de Einstein. Foi uma experiência muito importante para nós, com influência duradoura sobre o meu desenvolvimento intelectual", confessou Popper.[1]

Além da relatividade, duas outras teorias estavam em voga naquela época: o marxismo e a psicanálise. Popper havia flertado com o socialismo, mas decepcionou-se após eventos traumáticos acontecidos em Viena no mesmo ano de 1919, quando militantes foram presos e mortos. Quanto à psicanálise, era uma teoria em disputa na cena cultural vienense, não apenas na Universidade de Viena, onde o próprio Freud lecionou. Além dele, Alfred Adler era um psicólogo influente e Popper chegou a trabalhar como voluntário numa de suas clínicas sociais para crianças pobres, nos anos 1920.

O famoso critério de demarcação de Popper tem sido invocado com o objetivo de separar as ciências das pseudociências. Mas cabe uma precisão histórica sobre suas motivações. Esse critério foi enunciado, desde o início, como uma comparação entre a teoria da relatividade, de um lado, e o marxismo e a psicanálise, de outro.

---

1 Karl Popper, *Conjeturas e refutações*, trad. Sérgio Bath. Brasília: UnB, 1980, p. 64.

Ou seja, se olhamos de perto o contexto em que Popper cunhou a designação de "pseudociência", é nítida a intenção de usá-la para tolher o marxismo e a psicanálise de qualquer pretensão à cientificidade. A teoria da relatividade de Einstein, caso se mostrasse falsa após o eclipse, seria abandonada. Será que o marxismo e a psicanálise estariam dispostos a uma abnegação semelhante? Qual a falsificação possível para seus enunciados? Essa é a inspiração para o critério de falseabilidade como demarcação.

A história da ciência nos ajuda a compreender os critérios de legitimação no contexto em que foram criados. As noções de rigor e os atributos que conferem confiabilidade às ciências mudaram ao longo da história. Correndo o risco de pleonasmo, cabe lembrar que Karl Popper foi um homem de seu tempo. E o critério de falseabilidade, pelo qual é amplamente conhecido, está inscrito de modo indelével nos debates das primeiras décadas do século XX. Da mesma forma, as tentativas de alçar esse critério específico a crivo privilegiado de demarcação entre ciências e pseudociências – mais de cem anos depois – devem ser entendidas no contexto dos debates atuais e de suas motivações.

Este livro possui o valor inestimável de recolocar o debate sobre a cientificidade da psicanálise em seu devido lugar. Que lugar é esse? Debater cientificidade em toda a sua complexidade, ressaltando o sentido de falar de ciência nos termos de Freud e de outros pensadores da psicanálise, como Lacan, sempre entendidos como homens de seu tempo. Ao fazer isso, Christian Dunker e Gilson Iannini acabam conseguindo outro feito: apontar o viés epistemológico dos críticos que denunciam a psicanálise como pseudociência.

Falar de "pseudociência" implica invocar a definição popperiana que designa como tal um campo de saber que se pretende científico, mas não se presta ao critério de falseabilidade. Como vimos, essa noção caía como uma luva para que Popper se posicionasse nos debates da primeira metade do século XX.

Prefácio

Depois da Primeira Guerra Mundial, quando a Europa passava por traumas severos e o nazismo começava a mostrar suas garras, a epistemologia foi reforçada em sua vertente empirista. Recolocar o pensamento em bases lógicas foi o caminho escolhido, por pensadores influentes, para se precaver da metafísica e de suas ambiguidades, consideradas perniciosas para o pensamento. Assim nasceu o Círculo de Viena, associado à defesa de que qualquer afirmação, para ser considerada científica, precisa ser fundada na observação. O conhecimento provém da experiência, mas só se torna ciência por meio de enunciados que se prestam à verificação e se deduzem uns dos outros segundo as regras da lógica. Deixando um pouco de lado a questão da prova, como são formuladas as conjecturas a serem demonstradas? A partir da experiência? Ou seja, elas podem ser inferidas de observações do mundo real? Para Popper, não. Nesse quesito ele se afasta do Círculo de Viena. As conjecturas são produto da livre imaginação do cientista. Para ganhar status de ciência, deverão ser refutáveis (ou falseáveis). O famoso critério de falseabilidade pode ser visto, portanto, como uma demarcação de Popper em relação ao empirismo de seus colegas do Círculo de Viena.

Os critérios de legitimação da ciência não são imutáveis, o que pode desapontar alguns epistemólogos – com pretensão de igualar a filosofia da ciência à própria ciência. Tais critérios se inscrevem nos debates de uma época e são motivados pelas ciências então preponderantes. É o caso do critério de falseabilidade de Popper e de sua designação de pseudociência: são categorias datadas. Nem o darwinismo escapou do rótulo de não científico, tal a estreiteza do critério proposto.

Na primeira metade do século XX, a relatividade e a teoria quântica ganhavam espaço em um terreno onde antes o newtonianismo reinava. No século XVIII, as teorias de Newton ganharam nova roupagem e foram alçadas a exemplo a ser seguido por outras ciências. Não à toa, a filosofia da ciência de Kant incorporou em seus pressupostos a maneira como as leis de Newton lidavam com a observação da realidade. Com a relatividade, porém, o triunfo de uma nova física impunha o redesenho do mapa da realidade, pois novas teorias desafiavam a intuição como critério de observação. Os efeitos destrutivos na concepção kantiana de cientificidade – fundada nos juízos sintéticos *a priori* – eram mais do que esperados.

A história da ciência está repleta de estudos mostrando que os critérios de cientificidade variam em função da preponderância de certas áreas científicas sobre outras. Também é consenso que a física exerceu um papel exemplar até meados do século XX, mas foi perdendo esse lugar nas décadas seguintes, quando as ciências biológicas e da terra ganharam mais relevância.

Dunker e Iannini não caem na armadilha de defender que a psicanálise seja ciência na acepção atual desse termo. Eles desconfiam da "cientificidade" da psicanálise, sem por isso corroborar que seja uma pseudociência. Ao discorrerem sobre o que era ciência na época em que Freud a postulou como tal, valorizam um pressuposto caro à história da ciência: o de que os critérios de cientificidade mudam com o tempo. Assim, podemos concluir, concordando com os autores: a epistemologia que permite compreender a singularidade da psicanálise não separa a ciência da história da ciência.

Além disso, os campos científicos hoje são múltiplos e variados – daí a pertinência de falarmos de ciências, no plural. Mais ainda porque cada ciência tem seus próprios critérios de legitimação. Outra tese importante deste livro é a de que não se pode avaliar a cientificidade da psicanálise por critérios importados de outras práticas. A psicologia vem tentando importar os métodos de legitimação da Medicina Baseada em Evidências. Algumas tentativas têm sucesso, o que pode ser bom para validar seus tratamentos. Cabe, todavia, mais um pleonasmo a esse respeito: os

Prefácio

métodos para comprovar a eficácia de tratamentos médicos são úteis exatamente para avaliar tratamentos médicos. Os autores concedem, generosamente, diversas páginas à Psicologia Baseada em Evidências e à confirmação da eficácia da psicanálise nos termos de seus detratores – em tempos de guerra, é importante mesmo entrar nesse debate. Mas eles não deixam de apontar um certo abuso em importar os mesmos métodos para a psicanálise.

Cabe acrescentar um breve adendo sobre uma crise – essa, sim, bastante atual – de confiabilidade das ciências que empregam métodos estatísticos de verificabilidade. Muitos casos foram descobertos de manipulação de evidências para sustentar afirmações e multiplicar a publicação de *papers* (os quais, como sabemos, são hoje uma medida de produtividade essencial na obtenção de verbas de pesquisa). O caso mais conhecido foi o do ex-professor, afastado da Universidade de Cornell, Brian Wansink, que pesquisava as escolhas alimentares das pessoas. A partir de 2017, os problemas com seus artigos – os chamados *pizza papers* – tornaram-se públicos. Além de terem sido retirados das revistas e levarem ao afastamento do pesquisador, o caso deu origem a uma nova área que avalia a integridade das publicações. Trata-se de verificar se as conclusões são mesmo apoiadas pelos dados apresentados, evitando dados questionáveis, análises estatísticas incorretas e inadequadas.

Uma das áreas sob escrutínio é justamente a psicologia. Se a reprodutibilidade já é um problema para os experimentos científicos com dados quantitativos, o que dizer de tratamentos fundados na fala e na escuta, em que o sujeito é tido como essencialmente singular?

A investigação científica sobre a confiabilidade da ciência é de suma importância hoje – é a chamada metaciência. Inúmeras iniciativas sobre reprodutibilidade surgiram desde então, buscando verificar se os experimentos são replicáveis e buscando responder a questões bastante pertinentes ao nosso tempo.

Claro que o negacionismo também preocupa. Mas o fenômeno não pode ser entendido como produto da ignorância ou da falta de conhecimento sobre a ciência.[2] Estamos em meio a uma disputa acirrada pelo lugar da expertise, em um mundo em que a posição de "especialista verdadeiro" traz muito poder político. Na época em que vivemos, o parecer de especialistas é demandado em inúmeros questionamentos envolvendo ciência, economia e política: controle de agrotóxicos e transgênicos, tratamentos na saúde pública, medidas para combater as mudanças climáticas, preservar a biodiversidade e outras questões ambientais. Todos esses pareceres passam por instituições de especialistas cuja atribuição é embasar – e limitar – a tomada de decisão política. Logo, há muita disputa de poder envolvida na relação entre ciência e política.

A psicanálise está sendo arrastada para essa briga. Os motivos dizem mais sobre seus detratores do que sobre a prática em si. Dunker e Iannini, sábia e sutilmente, não compram a briga nos termos em que ela se coloca, mostrando que se trata de disputas extemporâneas à psicanálise e ao que ela se propõe. Aliás, justamente por sustentar seu lugar de uma análise que dá espaço ao *pseudo* e que sabe lidar com o falso, como afirmam os autores, a psicanálise nos é útil para enxergar o não dito na detração a que está sendo submetida. A que causa serve submeter todo o conhecimento ao crivo não da ciência, mas de um modo específico de conceber a cientificidade? O negacionismo também pode ser entendido como denegação. Não é só negar a ciência, mas também não permitir enxergar onde está o problema. Em uma época em que delinear bem os problemas vale mais do que facilitar as soluções.

---

2 Ver Tatiana Roque, *O dia em que voltamos de Marte: uma história da ciência e do poder, com pistas para um novo presente.* São Paulo: Planeta, 2021.

TATIANA ROQUE é matemática e professora do Instituto de Matemática da UFRJ e Secretária de Ciência e Tecnologia da cidade do Rio de Janeiro. Publicou, entre outros, *O dia em que voltamos de Marte: uma história da ciência e do poder, com pistas para um novo presente* (Planeta, 2021).

Introdução

No creo en brujas, pero que las hay, las hay.
Ditado popular castelhano

O ditado de que "desgraça pouca é bobagem" foi recentemente atualizado para "*doomscrolling*": na linguagem digital, trata-se de nosso impulso para visualizar mais e mais imagens de desgraças, ativado pela exposição a um primeiro caso que nos prende a atenção. Aparentemente a sabedoria popular conseguiu captar com essa máxima nossa tendência a esperar que logo depois de um infortúnio venha outro. É pouco provável que a expressão traduza um fato de ciência, por exemplo uma tendência misteriosa pela qual a positividade atrai a positividade e a negatividade atrai a negatividade. É mais provável que essa sabedoria remeta à nossa maneira de interpretar psicologicamente as mazelas de nosso destino. Com se, diante do azar, a mente humana criasse uma lei que tornasse nossa experiência explicável e compreensível, afastando, dessa maneira, a terrível hipótese alternativa de que "*lá em cima definitivamente tem alguém que não gosta de mim*". Como se, diante de uma tragédia que desafia nossa capacidade de atribuir sentido às coisas do mundo, nós produzíssemos um viés de confirmação, pelo qual dominamos o que não pode ser dominado: a contingência, o acaso, a sorte, o indeterminado.

Mas quando dizemos que *ciência pouca é bobagem* aludimos ao fato de que, se a ciência se multiplicar como nós multiplicamos os acasos infelizes, para melhor nos defendermos deles, chegaremos ao estado em que a própria ciência se tornaria uma bobagem. Não há nenhum negacionismo nessa ideia, mas apenas a ironia de que nossa época frequentemente espera da ciência o que ela não pode dar. E é nesse ponto que "viramos o fio" de nossa confiança rumo ao *cientificismo*. O cientificismo não é ciência, mas excesso de confiança arrogante da ciência em si mesma.

"Pouca ciência é bobagem" apoia-se na ideia de que ciência é o principal antídoto para nossa ignorância, mas que se resolvermos usar tal antídoto em demasia ele se volta contra si mesmo, tornando-se um veneno. É assim com a palavra *pharmakon*, que quer dizer ao mesmo tempo remédio, quando aplicado na dose exata e com bons propósitos, e veneno, quando usado em demasia. A overdose de ciência transforma uma atitude justa, crítica e emancipatória em franca asneira. O termo "asneira" vem do latim *asinus*, "asno" e do preconceito aristotélico – que, aliás, foi a ciência da moda por quase vinte séculos! – de que os bípedes deveriam ser mais inteligentes do que os quadrúpedes, exceto se tivessem penas. Ademais, a ideia de *burrada* deriva do fato de que esse animal era chamado na Roma antiga de *asinum burrum*, "asno de cor avermelhada, castanha". *Burrum* designava essa cor, vindo do grego "fogo". Suspeita-se que "besteira" advém da generalização desse princípio para o animal selvagem, o animal em geral, a *bestia*. Surgia assim um problema. Os animais, sejam eles burros, asnos ou bestas, não falam, de tal maneia que não podem dizer tolices. Surgiu assim a noção de "baboseira", ou seja, uma forma de nos referirmos àquele que baba como uma criança pequena, que ainda não consegue controlar a própria fala, ou como o estrangeiro e o bárbaro que não aprenderam a se comunicar na nossa língua. Como as crianças nascem apartadas do mundo dos adultos, diz-se que elas falam disparates, do espanhol *despauterio* e do latim *disparatus*, ou seja, separado, afastado, talvez no sentido de distante do senso comum. "Despautério" é sinônimo de absurdo ou tolice; respectivamente, desobediência às regras da lógica ou da sabedoria.

Chegamos assim à conjunção entre a ausência de fala dos animais e o começo da fala infantil dos humanos. Essa é a nascente do termo "bobagem", ou seja, fala que balbucia, que ensaia, que é incipiente e iniciante, talvez repetitiva. Fala que deve ser excluída do debate público. Era assim que o paciente de Sigmund Freud conhecido como pequeno Hans se referia a seu sintoma, a fobia a cavalos, *"meiner Blödsinn"* (minha bobagem). Na história clínica de Hans, o termo "bobagem", referindo-se ao seu sintoma, ocorre pelo menos uma dúzia de vezes: "foi assim que peguei minha bobagem", dizia o menino.[1] Ele sabia perfeitamente que cavalos, como burros, asnos e galinhas, esses bípedes emplumados, são seres pacíficos, que raramente mordem e que trabalham para os humanos carregando carroças e transportando pessoas. Ele sabia que não havia nenhuma razão, motivo ou causa razoável para sentir um medo apavorante daqueles animais. Mas ele sentia medo assim mesmo, da sua bobagem. Por mais absurda, despropositada e estúpida, a bobagem cavalar atrapalhava muito a vida de Hans. Ele não conseguia mais sair de casa, sonhava com cavalos, desenhava cavalos e imaginava se cavalos podiam ter bigodes. Tudo certo, tudo resolvido, tudo acabado na ciência dos cavalos, mas na hora de sair de casa, nada feito: *há cavalos lá fora*. Quase todos na família de Hans disseram que aquilo era um absurdo e um desatino, ou seja, uma falta de discernimento, sagacidade ou tino. Outros argumentaram que Hans sofria de

---

1 Sigmund Freud, "Análise da fobia de um garoto de 5 anos (caso Pequeno Hans)" [1909], in *Histórias clínicas: cinco casos paradigmáticos da clínica psicanalítica*, trad. Tito Lívio Cruz Romão. Col. Obras Incompletas de Sigmund Freud. Belo Horizonte: Autêntica, p. 230.

uma mera tolice moral, ou seja, algo que havia destruído seu juízo, sua cognição e sua capacidade de pensar. Mas Hans sabia tudo sobre cavalos e era muito inteligente, apesar da sua *bobagem*. Ele estava se tornando inepto e inadequado porque uma vez que não conseguia sair de casa não ia mais à escola e assim foi perdendo outras aptidões. Hans não havia ficado louco, estulto ou parvo, ele apenas tinha sido dominado por um pensamento e por um sentimento que ele mesmo achava uma bobagem.

Cem anos depois da *bobagem* do pequeno Hans é a psicanálise que é chamada de *bobagem*, e posta ao lado de outros "absurdos que não merecem ser levados a sério".[2] Assim como a psicanálise levou a bobagem do pequeno Hans a sério, hoje se trata de não recuar diante das bobagens de pseudoepistemólogos. O presente livro se aproveita dessa bobagem para mostrar como são construídos juízos desse tipo e por que a noção de pseudociência não se aplica à psicanálise. Ainda que não se possa dizer com segurança se a psicanálise é uma ciência e em que termos – até mesmo porque não há consenso sobre o que definiria, afinal de contas, uma ciência –, nos esforçaremos, num primeiro momento, para falar a língua de nossos críticos. Isso a fim de mostrar que a atribuição irresponsável de absurdos e bobagens a outros saberes, longe de contribuir para um debate racional consequente, responde muito mais a uma agenda moral e a uma disputa mercadológica, mal disfarçada em discussão epistemológica. Ao colocar-se na divina posição de tribunal da ciência do outro, é muito fácil escorregar para o caminho perigoso que desqualifica o saber de crianças, estúpidos, estrangeiros, burros, loucos, tolos – que deveriam ser excluídos da conversa dos adultos ou perseguidos como uma ameaça à saúde pública e privados de suas verbas públicas para pesquisa e atuação.

---

2 Natalia Pasternak e Carlos Orsi, *Que bobagem! Pseudociências e outros absurdos que não merecem ser levados a sério*. São Paulo: Contexto, 2023.

Além do mais, quem se ocupará das "bobagens" que nos fazem sofrer?[3] Muitas vezes, nosso sofrimento, quando não nossos sintomas, são apoiados em coisas que, aos olhos dos outros, parecem bobagens, ou tolices, ou esquisitices. Não é o psicanalista aquele que se interessa pelos detalhes mais ínfimos, mais sutis, que não parecem nada evidentes?

Muitas pessoas entendem que sonhos, atos falhos, sintomas, inibições e demais formações do inconsciente não passam de bobagens. Besteiras cujas causas, motivos ou razões não é preciso investigar, pois eles não passam de epifenômenos do funcionamento cerebral, ainda que não se tenha descrito exatamente como os circuitos de memória, atenção ou pensamento atuam sobre a forma como atribuímos sentido, significação ou significado ao mundo e a nós mesmos. Como erros que não devem ser levados a sério, tais desvios cognitivos poderiam ser corrigidos pelo treinamento do pensamento. Seria possível assim evitar tais bobagens que não merecem interesse da ciência. Diante de tais fenômenos é preciso ativamente *não querer saber*, negando-lhes relevância, hipóteses ou explicações. Foi pensando dessa forma que nos vimos desprevenidos diante de um fenômeno tão simples como o negacionismo, que em tese deveria ser corrigível pelo esclarecimento, pela informação e pela confiança na ciência. Surgiu assim a necessidade de explicar cientificamente por que as pessoas resistem a acreditar no que deveriam acreditar. Por que desenvolvem um apego prazeroso e obstinado a crenças que por outro lado elas sabem ser falsas? Por que abandonam a própria razão em troca da obediência a um líder carismático? Nosso desprezo pela força das bobagens e nossa

---

3 Devemos essa observação preciosa a Marcela Antelo. M. Antelo, *Quem se ocupará das bobagens?* (manuscrito), 2023.

desatenção aos processos percebidos como irracionais, tolos e desprovidos de sentido custou caro demais. Isso não significa que seja necessário aderir a qualquer teoria, visão de mundo ou discurso disposto a entender sua natureza, função ou origem.

Em uma época na qual é preciso fazer esforços significativos para convencer parte da população a se vacinar contra a covid-19, que matou mais de 5 milhões de pessoas ao redor do mundo, das quais pelo menos 600 mil no Brasil, é compreensível que queiramos avaliar nossas crenças e rever nossas práticas. Afinal, quando foi que perdemos nossa capacidade de distinguir uma crença provavelmente verdadeira de outra claramente falsa?

Nas últimas décadas a confiança na autoridade de cientistas e especialistas diminuiu de forma considerável. Curiosamente, essa atitude reticente resulta em parte do reconhecimento de que também a ciência é atravessada por interesses, redes de financiamento comportando relativo dissenso e competição nem sempre pautada apenas pela busca da verdade. A imagem do cientista ascético, vestindo avental branco e pronunciando vereditos monológicos sobre como devemos nos comportar, tornou-se obsoleta. Em paralelo a isso, explicações maniqueístas para assuntos complexos cresceram no ritmo de nosso mergulho nas redes sociais. E, de uma hora para outra, parece que as evidências não são mais tão evidentes assim; estão aí os terraplanistas que não nos deixam mentir.

O fato que deveria nos surpreender é que não são pessoas iletradas que se opõem à vacina ou que contestam o caráter antropogênico da mudança climática. Ao contrário, são pessoas que passaram por anos e anos de educação científica, que estudaram matemática desde a mais tenra infância, que receberam doses cavalares de física, química e biologia no ensino médio e que ganham a vida como médicos, advogados, psicólogos, engenheiros, dentistas, economistas e assim por diante. Diante de um quadro desolador como esse, é imprescindível o papel da divulgação científica de qualidade, embora o conhecimento não imunize ninguém contra os interesses afetivos.

Difundir informação científica de qualidade, especialmente em tempos de negacionismo, é tarefa necessária, mas não suficiente. A vida social é mais complexa do que sonham nossos microbiólogos e astrofísicos. É claro que conhecimento científico impacta nossa vida de muitas maneiras, não apenas individual como também coletivamente, já que políticas públicas alicerçadas em quimeras costumam ser catastróficas. Além disso, o apoio público a essas políticas é um ingrediente indispensável no ponto em que estamos de nossas modernas – e falhas – democracias. Ganha cada vez mais força o consenso de que políticas públicas devem levar em conta evidências científicas, mas não apenas. Até aqui não é muito difícil estarmos de acordo. O problema começa quando precisamos definir, afinal de contas, o que é ciência e o que não é, ou o que é ciência verdadeira e o que é *não ciência*. Nesse contexto, atitudes ostensivamente não científicas, de matriz religiosa ou carismática, saberes locais e tradicionais, programas ideológicos, plataformas estéticas ou discursos metafísicos são às vezes reunidos sob o rótulo de pseudociências. Observemos que o prefixo "pseudo" aponta justamente para a negação, para o teor falso, ilusório e enganador de uma determinada prática ou pessoa.

Em filosofia da ciência, o problema de definir o que é ou o que não é ciência ficou conhecido como o "problema da demarcação". Em linhas bastante gerais, e sem entrar em tecnicalidades desnecessárias, podemos dizer que o problema da demarcação entre *ciência* e *não ciência*, bem como a diferença entre *não ciência* e *pseudociência*, definiu a agenda de epistemólogos e historiadores da ciência, principalmente em meados do século XX, antes de cair em relativo esquecimento ou passar às margens do debate consequente. Contudo, nos últimos anos, especialmente depois do crescimento vertiginoso de negacionismos de diversos tipos –

Introdução   21

como o negacionismo histórico, que relativiza ou nega a existência do holocausto nazista ou do racismo estrutural; o negacionismo científico, que nega a mudança climática, e o negacionismo sanitário, que repudia a vacinação –, o problema foi ressuscitado.

Assim, o fato de os negacionistas colocarem em dúvida um simples "fato" é suficiente para autoproclamados paladinos da "ciência verdadeira" desconsiderarem o contexto econômico, político e histórico por trás da emergência de determinadas crenças e desautorizarem saberes institucionais ou populares, rechaçando numa mesma toada, e com a mesma falta de cuidado, tanto práticas por vezes milenares quanto o meme negacionista da vez. Como se problemas histórico-sociais pudessem ser resolvidos com veredicts de epistemologia; como se bastasse que estivéssemos de acordo com os "perigos das pseudociências" para que pudéssemos nos livrar dos terríveis "irracionalismos", "relativismos" e demais "teorias conspiratórias". Seria equivalente a alguém pedir um lanche num boteco, o garçom anotar o pedido e voltar meia hora depois – com o cardápio. Em "Construindo polêmicas em direção a lugar algum", que responde à mais recente acusação de que a psicanálise não passa de uma pseudociência,[4] Vladimir Safatle argumentou:

> Nunca estivemos em um combate da ciência, das luzes, da civilização, da razão, da bondade etc. contra as forças da regressão e do atraso. Seria bom começar por lembrar o quanto há de sombra nas luzes, o quanto há de barbárie na civilização, o quanto há de obscurantismo no positivismo científico. Um pouco de dialética do esclarecimento faz bem nesses momentos.[5]

4 Cf. N. Pasternak e C. Orsi, op. cit.
5 Vladimir Safatle, "Construindo polêmicas em direção a lugar algum". *Cult*, 23 ago. 2023.

Deixando por um momento a complexidade da questão, voltemos ao aspecto estritamente epistemológico. Como qualquer questão filosófica que se preze, o problema de definir o que é ou não é ciência é mais complexo do que parece à primeira vista. No início da década de 1970, Karl Popper e Thomas Kuhn, dois dos mais brilhantes filósofos da ciência da época, travaram um curioso debate sobre o tema. Apesar de ocuparem lados opostos na arena – Popper apostava na falseabilidade como critério de demarcação entre ciência e não ciência, ao passo que Kuhn apostava numa visão não normativa, mas descritiva das ciências – e de discordarem diametralmente quanto a quais critérios deveriam ser adotados para resolver o problema da demarcação, na prática suas conclusões acerca de quais disciplinas deveriam ou não ser chamadas de ciência coincidiam em grande parte. De lá para cá, muita água já rolou. Tentativas de definir um critério único ou um conjunto de critérios de demarcação em geral falharam, o que, paradoxalmente, não impede uma espécie de consenso virtual de que coisas como "criacionismo, astrologia, homeopatia, fotografia Kirlian, radiestesia, ufologia, teoria dos antepassados astronautas"[6] e afins possam ser consideradas pseudociência pela maior parte dos filósofos da ciência empenhados na demarcação.

O principal ponto-limite do consenso é, não por acaso, a psicanálise.[7] Seu estatuto de cientificidade sempre foi controverso. A quase unanimidade relativa à pseudocientificidade das disciplinas acima elencadas dissolve-se em debates e con-

---

6 Cf. Sven Ove Hansson, "Cutting the Gordian Knot of Demarcation". *International Studies in the Philosophy of Science*, v. 23, n. 3, 2009, p. 238.

7 Logo depois de listar as pseudociências consensualmente reconhecidas como tais, o próprio Hansson afirma: "Apesar de alguns pontos de controvérsia, por exemplo, no que diz respeito ao estatuto da psicanálise freudiana [...], o quadro geral é de consenso, e não de controvérsia, em questões de demarcação" (ibid., p. 238).

Introdução

trovérsias em que epistemólogos importantes como Gaston Bachelard[8] advogaram a importância de uma psicanálise das ciências, capaz de reconstituir os saberes que foram negados e permanecem inconscientes na formação de um dado momento de cientificidade. Teóricos críticos como Jürgen Habermas[9] tomaram a psicanálise como um modelo de ciência respondente à ação comunicativa. Teóricos das ciências humanas, como Louis Althusser,[10] usaram a psicanálise para detectar aspectos ideológicos das ciências convencionais. Por outro lado, Ludwig Wittgenstein,[11] Karl Popper,[12] Mario Bunge[13] e,

---

8   Gaston Bachelard, "A actualidade da história das ciências", in Manuel Maria Carrilho (org.), *Epistemologia: posições e críticas*. Lisboa: Fundação Calouste Gulbenkian, 1991, pp. 67-87.

9   Jürgen Habermas, *Conhecimento e interesse*, trad. José N. Heck. Rio de Janeiro: Guanabara, 1987.

10 Louis Althusser, *Psicoanálisis y ciencias humanas*, trad. Alejandro Arozamena. Buenos Aires: Nueva Visión, 1964.

11 O autor de *Investigações filosóficas* (trad. Marcos G. Montagnoli, Petrópolis: Vozes, 2009) aponta três problemas cruciais na estratégia de Freud: 1) caráter mitológico das explicações psicanalíticas; 2) alegação de que a validade das explicações do analista depende do consentimento do paciente; 3) confusões entre razões, motivos e causas. Cf. Ludwig Wittgenstein, "Conversations on Freud", in Richard Wollheim e James Hopkins (orgs.), *Philosophical Essays on Freud*. Cambridge: Cambridge University Press, 1982, pp. 1-11.

12 Karl Popper, *Conjecturas e refutações* [1963], trad. Sérgio Bath. Brasília: Ed. UnB, 1980.

13 Para Bunge, a psicanálise não pode ser uma ciência, pois: 1) não requer formação científica; 2) aborda erroneamente problemas relativos à natureza humana; 3) argumenta que todos são "anormais", de modo que não há razão para se preocupar em ser anormal; 4) promete curar transtornos que a psiquiatria ignora; 5) é uma visão de mundo com respostas simples para quase todas as coisas; 6) exalta o instinto e diminui a razão. Cf. Mario Bunge, *Pseudociencia e ideología*. Madri: Alianza, 1985.

finalmente, Adolf Grünbaum[14] criticaram as estratégias de fundamentação científica da psicanálise. É falso dizer que é consenso que a psicanálise seja uma ciência, tanto quanto é falso dizer que é consenso que ela seja uma pseudociência.

De fato, a psicanálise sempre ocupou um lugar controverso em relação à pretensão de cientificidade, nunca abandonada por Freud, mas relativizada ou reformulada por vários outros psicanalistas. Mesmo antes da época de ouro da demarcação, o estatuto de cientificidade da psicanálise já havia sido alvo de questionamentos. Quando volta de seus estudos em Paris, Freud é acusado de criar as doenças que pretende tratar, uma vez que a histeria seria um quadro clínico tão vasto quanto duvidoso. Ainda em 1896, o neuropsiquiatra alemão Richard von Krafft-Ebing, célebre por descrever minuciosamente o que chamava de "psicopatias sexuais", teria afirmado que a psicanálise não passaria de um "conto de fadas científico".[15] Por sua vez, Wittgenstein alegou que Freud confundia motivos e causas, oferecendo interpretações estéticas mais do que explicações científicas.[16] Mas foi a crítica de Karl Popper que colou na psicanálise, como um adesivo, o apelido de pseudociência por volta dos anos 1960.[17] A tese de Popper foi amplamente debatida, discutida e, finalmente, rejeitada pela maior parte dos pesquisa-

---

14 Adolf Grünbaum, "Is Freudian Psychoanalytic Theory Pseudoscientific by Karl Popper's Criterion of Demarcation?". *American Philosophical Quarterly*, v. 16, n. 2, 1979, pp. 131-41.

15 Conforme o relato do próprio Freud. Cf. Jeffrey Moussaieff Masson, *A correspondência completa de Sigmund Freud para Wilhelm Fliess (1887-1904)*, trad. Vera Ribeiro. Rio de Janeiro: Imago, 1986, p. 185.

16 L. Wittgenstein, *Lectures & Conversations on Aesthetics, Psychology and Religious Belief*. Los Angeles: University of California Press, 1997. Para uma exposição sistemática e crítica, cf. Gilson Iannini, *Estilo e verdade em Jacques Lacan*. Belo Horizonte: Autêntica, 2004, cap. 2.

17 K. Popper, op. cit.

Introdução

dores sérios.[18] Mas ela deixou um *páthos* normativo em muitos dos adversários da psicanálise, que, de tempos em tempos, requentam a querela. Livros que combatem a psicanálise existem há quase tanto tempo quanto a própria psicanálise.

O que é menos lembrado são os trabalhos igualmente numerosos que respondem às críticas ao estatuto científico da psicanálise, como o de Seymour Fischer e Roger Greenberg, que em 1977 levantaram mais de trezentos artigos científicos sobre psicanálise,[19] ou o Projeto Menninger, que estudou longitudinalmente os efeitos da psicanálise em 42 pacientes observados durante mais de trinta anos,[20] ou ainda o Projeto Estocolmo, que apreciou comparativamente o resultado de tratamentos psicanalíticos e não psicanalíticos ao longo de vinte anos.[21]

O próprio Freud definiu a psicanálise como um método de tratamento (*Behandlungsmethode*), um procedimento de investiga-

---

18 Para uma reconstrução detalhada do debate, cf. Paulo Beer, *Psicanálise e ciência: um debate necessário*. São Paulo: Blucher, 2017. Cf. também o número 41-42 da revista *Cliniques Méditerranéennes*, 1994, intitulado *Popper, la Science et la Psychanalyse*.

19 Seymour Fischer e Roger Greenberg, *The Scientific Credibility of Freud's Theories and Therapy*. New York. Basic, 1977.

20 O objetivo do projeto era estudar tanto o resultado quanto o processo, especificando resultados, focando na elaboração empírica do mecanismo de mudança operante nos modos terapêuticos de descoberta (analítico-expressivo) e de "fortalecimento do ego" (de apoio). Chegou-se às seguintes constatações: "(1) Os resultados do tratamento em psicanálise, envolvendo estratégias expressivas e de apoio, tendem a convergir. (2) Ocorreu um número substancialmente maior de mudanças alcançadas do que o previsto originalmente e (3) mudanças alcançadas pelos pacientes, separadas da forma como foram provocadas, são indistinguíveis" (Robert S. Wallerstein, "The Generations of Psychotherapy Research: An Overview", in Marianne Leuzinger-Bohleber e Mary Target (orgs.), *Outcomes of Psychoanalytic Treatment: Perspectives for Therapists and Researchers*. Topeka: Whurr, 2002, pp. 30-52.

21 Rolf Sandell et al., "Diferença de resultados a longo prazo entre pacientes de psicanálise e psicoterapia". *Livro Anual de Psicanálise*, XVI, 2002, pp. 259-80.

ção (*Forschungsmethode*) e uma nova ciência (*neues Wissenschaft*). Os termos usados por ele na definição da psicanálise importam para o nosso assunto porque, segundo o epistemólogo Sven Ove Hansson, cujas ideias discutiremos aqui, há uma peculiaridade na língua alemã: ela forma o substantivo "ciência" a partir da noção de saber (*Wissen*), e não de conhecimento (*Erkenntnis*), como na maior parte das línguas latinas e anglo-saxônicas.

Ora, há saberes práticos como a culinária, a marcenaria e a arte dos palhaços circenses que não são ciências, mas são saberes práticos.[22] Seus truques, efeitos e sabores não contrariam a ciência da química, da resistência dos materiais ou das técnicas performativas de linguagem. Hansson redefinirá a pseudociência como um tipo de negacionismo referente a questões dentro do domínio da ciência, mas cujos resultados não são confiáveis ou reproduzíveis, e que se baseia em um corpo de conhecimento ideológico doutrinário e refratário a mudanças.[23]

A psicanálise, portanto, pode ser caracterizada *como uma ciência*, dependendo das acepções de ciência e de psicanálise; como uma *contraciência*, no sentido de uma crítica dos fundamentos da ciência moderna; ou até mesmo de uma *não ciência*, ou seja, como uma prática clínica e uma psicologia profunda (*Tiefenpsychologie*). Mas seria sobretudo desleal e pouco rigoroso colocá-la ao lado das pseudociências, como uma impostura, uma versão religiosa ou metafísica malsã, enganando pessoas e fraudando dados. Ainda que não seja esse o significado exato de pseudociência para Popper ou Hansson, é esse o efeito que se produz quando se usa o termo na divulgação científica. Ela não está interessada

---

22 S. O. Hansson, "Technology as a Practical Art", in Maarten Franssen et al. (orgs.), *Philosophy of Technology after the Empirical Turn*. New York: Springer, 2016, pp. 63-81.

23 Id., "Science Denial as a Form of Pseudoscience". *Studies in History and Philosophy of Science*, Part A, v. 63, 2017, pp. 39-47.

Introdução

na autoridade da ciência, nem em desfilar com suas credenciais. Do mesmo modo, não se deixa seduzir pelo sistema de fabricação de certezas. A psicanálise tampouco precisa de tutores nem de curatela de outra ciência. A improcedência em localizá-la como uma pseudociência, sobretudo no contexto em que o conceito é empregado pejorativamente como metafísica ou psicologia, é um procedimento datado, cuja persistência desrespeita critérios que tornaram possível a ciência, tal como a reconhecemos hoje.

Discutimos a caracterização da pseudociência ao longo deste trabalho, mas também levantamos a possibilidade de que críticos contumazes da psicanálise se encontrem muito próximos de um outro tipo de parasitagem da ciência, proposto por Hansson, chamado pseudotecnologia.[24] De fato, no lugar antes ocupado pelo saber pretensamente neutro do cientista ascético, parece despontar um respeito cada vez maior por novas práticas ou tecnologias que nos chegam de forma anônima, e cuja utilidade ou periculosidade convivem com diferentes tipos de aplicação e deformação. Por isso podemos dizer que saímos da fase das pseudociências e ingressamos na das pseudotecnologias.

A pseudotecnologia define-se pela propagação de testemunhos repetidos ao modo de fórmulas mágicas, baseados em novos desenvolvimentos da ciência, em que um produto ou técnica, e apenas um, se apresenta como a solução para muitos problemas diferentes, ignorando ou desdenhando o processo científico real e colocando seu criador ou defensores na posição de gênios, parâmetros ou árbitros para julgar práticas e saberes alheios.

Sugerimos que um caso provável de pseudotecnologia é o uso, sem mediação epistemológica, de uma técnica desenvolvida originalmente como Medicina Baseada em Evidências (MBE), vertida em Psicologia Baseada em Evidências (PBE), tal como é pro-

---

24 Id., "With all this Pseudoscience, Why so Little Pseudotechnology?". *Axiomathes*, n. 30, 2020, pp. 685-96.

pagada pelo grupo de críticos aos quais responderemos a seguir. Essa técnica é empregada como único meio para solucionar os impasses de cientificidade da psicologia e da psicanálise, e se vale de retórica abusiva e repetida que estabelece e reestabelece critérios baseados em novas tecnologias estatísticas para avaliação da avaliação da avaliação (e assim por diante) da pesquisa científica, dessa forma diminuindo ou excluindo comunidades inteiras de pesquisadores que permanecem alheias a essa técnica.

As análises de Martin Heidegger e Theodor Adorno,[25] as críticas de Paul Feyerabend,[26] Richard Rorty[27] e Bruno Latour[28] deixaram claro que, já há algum tempo, a ciência vive em estado de permanente extrapolação de seus próprios limites, imiscuindo-se em assuntos morais, dirigindo tomadas de decisão e atribuindo sentido ao que lhe seria vetado por dever de ofício. Desde que o fosso kantiano – que separava o reino da liberdade, autonomia e emancipação do reino natural da heteronomia – foi transposto pela tecnologia, a antiga diferença entre ciências humanas e ciências da natureza perdeu importância. Curiosamente, nem Sigmund Freud nem Jacques Lacan apelaram para

---

25 Martin Heidegger, "Ciência e pensamento do sentido", in *Ensaios e conferências*, trad. Emanuel Carneiro Leão, Gilvan Fogel e Marcia Sá Schuback. Petrópolis: Vozes, 1997; Theodor Adorno, *Para a metacrítica da teoria do conhecimento*, trad. Marco Antonio Casanova. São Paulo: Ed. Unesp, 2021.
26 "Os resultados obtidos até agora sugerem abolir a distinção entre contexto de descoberta e contexto de justificação, entre norma e fatos, entre termos observacionais e termos teóricos. Nenhuma dessas distinções desempenha algum papel na prática científica. Tentativas de impô-las teriam consequências desastrosas. O racionalismo crítico de Popper fracassa pelas mesmas razões" (Paul Feyerabend, *Contra o método*, trad. Cezar Augusto Mortari. São Paulo: Ed. Unesp, 2003).
27 Richard Rorty, *A filosofia e o espelho da natureza*, trad. Jorge Pires. Lisboa: Dom Quixote, 1988.
28 Bruno Latour, *A esperança de pandora*, trad. Gilson César Cardoso de Sousa. São Paulo: Ed. Unesp, 2017.

Introdução

esse argumento da extraterritorialidade entre as ciências, mas acreditavam na ciência como um campo amplo de uso crítico da razão. Assim, em sentido genérico, ela adapta seus métodos a seus objetos, mantendo um núcleo comum de princípios e argumentos, estáveis e transdisciplinares. Muito se perde quando essa atitude é substituída por um avaliacionismo, cuja extração neoliberal já apontamos em outros lugares.[29]

Com a disponibilização da pesquisa científica em formato digital e o barateamento do acesso à pesquisa de fontes, tornou-se simples levantar exceções, selecionar exemplos, casos e artigos a fim de criar uma "versão alternativa" dos fatos. Ainda que menos de 0,1% dos pesquisadores do clima duvidem do aquecimento global,[30] de sua extensão ou magnitude, isso cria dúvida suficiente para justificar a inconclusividade da matéria. A mesma acessibilidade digital dessa nova organização dos saberes faculta que os detalhes trabalhosos sejam raramente examinados, que juízos baseados em problemas mal colocados, retratos desleais ou deformados de posições adversárias tornem o debate rápido e fulgurante, à base de grandes manchetes, e sejam suficientes para demover massas e formar opiniões. A inclinação ao discurso de ódio, que transforma o medo e o risco em justificativa para ataques preventivos e eliminativos, chegou, como não poderia deixar de ser, até mesmo ao campo decisivo da divulgação científica. Quando especialistas se comportam dessa maneira, desprezando contra-argumentos, desdenhando esclarecimentos e simplesmente desqualificando opiniões divergentes, ainda que fundadas, percebemos que o antídoto também está envenenado.

---

29 Vladimir Safatle, Nelson da Silva Jr. e Christian I. L. Dunker (orgs.), *O neoliberalismo como gestão do sofrimento*. Belo Horizonte: Autêntica, 2021.
30 Ver Ronald P. Lynch Dean et al., "Greater than 99% Consensus on Human Caused Climate Change in the Peer-Reviewed Scientific Literature". *Environmental Research Letters*, v. 16, n. 11, 2021.

Talvez seja preciso entender as críticas desmesuradas, repetidas e pouco científicas à psicanálise, particularmente no Brasil, como uma reação ao crescimento e engajamento que essa disciplina vem desenvolvendo desde antes da pandemia. A crise dos modelos vigentes em saúde mental, a inoperância relativa das técnicas de reeducação, o declínio de eficácia das medicações psiquiátricas, seu uso cronificado e a indiferença de muitas abordagens científicas à experiência subjetiva do sofrimento talvez tenham aumentado a tentação de incluir a psicanálise no pacote do mal e da ignorância, com o qual a verdadeira ciência quer agora ajustar contas.

Todos esses elementos nos levaram a redigir este livro-resposta. Para alertar os jovens alunos de psicologia contra os pseudoepistemólogos. Para que as pessoas não especialistas não imaginem que a ciência tem uma única face. Para que as que não têm formação em teoria da ciência não sejam ludibriadas por falsos iconoclastas que tornam universais suas crenças particulares. Também para que as pessoas que se recusam a incluir a história da ciência na definição de ciência possam perceber o perigo de definições baseadas em convenções simples e critérios de credenciamento.

A psicologia sempre foi composta de saberes em disputa e controvérsias sobre sua epistemologia, ora mais próxima dos métodos de análise do comportamento, ora mais confiante nos métodos fenomenológicos de compreensão, ora mais convicta das hipóteses psicanalíticas. Em uma situação como essa, sobretudo desconfiem daquela atitude de síndico que se apresenta como árbitro e juiz, ditando regras, quando não se dizendo dono da bola, e proclamando que todos os outros participantes devem aceitar tais termos, ou então se retirar humildemente do condomínio científico. Aqueles que não conhecem as regras da casa vão olhar com desdém para as ponderações filosóficas, sociológicas e antropológicas que vêm mostrando os compromissos escusos da ciência com a metafísica dos gêneros e das raças, com as estratégias de colonização e dominação, em meio a uma disputa mundial pela hegemonia nas ciências. Por que deveríamos acreditar que, pela primeira vez na história, isso tudo nunca mais vai acontecer e chegaremos a uma ciência neutra que se despiu de todos os vieses? Por que não seria apenas esquecimento e ingenuidade crer que agora que dispomos de tantas técnicas de controle, de tamanha imparcialidade entre cientistas, de métodos impessoais de análise, de rigor e produção de saber, de tantos critérios eficazes de mensuração de impacto de citações, de hierarquização de revistas científicas, de metanálises capazes de comparar centenas e até mesmo milhares de pesquisas individuais – por que mesmo devemos crer que finalmente a ciência libertou-se de si mesma e dos seres humanos que a produzem?

Se quisermos representar graficamente as principais hipóteses apresentadas nesta introdução, poderíamos nos remeter a duas operações triviais em teoria dos conjuntos, bem intuitivas e fáceis de entender. Há pelo menos duas maneiras de dizer que *A* é *B*, ou que *A* faz parte de *B*. Para alguns, fazer parte do "seleto grupo da ciência" é ser elemento de um conjunto. Nesse caso, *A* faz parte de *B* porque "está contido" nele, como na figura abaixo:

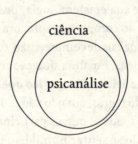

Mas há outras maneiras de "fazer parte". *A* pode estar em interseção com *B*, sem dele ser um elemento. De nossa parte, dizer que a psicanálise tem parte com a ciência significa algo do tipo:

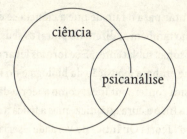

Quem conhece o debate pode adivinhar que não nos contentaremos com essas representações. Mas, para começo de conversa, elas bastam.

Além disso, é importante destacar que a própria concepção de ciência defendida por dois pesquisadores do Instituto Questão de Ciência, Natalia Pasternak e Carlos Orsi, que lançaram recentemente o livro *Que bobagem! Pseudociências e outros absurdos que não merecem ser levados a sério*[31] é, se não falaciosa, pelo menos falsa: "O retrato traçado é eloquente, mas ficcional. Isso porque pretende ser supostamente um livro de divulgação científica enquanto é na realidade uma peça ingênua e superficial de ficção filosófica".

É o que afirmam Patrícia Kauark-Leite e Luiz Henrique Abrahão em um contundente artigo intitulado "Não se combate pseudociência com pseudofilosofia".[32] Isso porque aquilo que esses críticos da psicanálise descrevem como sendo "a ciência", na verdade "desconsidera, intencionalmente ou não, décadas de intensos e profundos debates filosóficos acerca da natureza e da prática científica".[33] Isso não é um mero detalhe, mas tem consequências relevantes:

---

31 N. Pasternak e C. Orsi, op. cit.
32 Patrícia Kauark-Leite e Luiz Henrique Abrahão, "Não se combate pseudociência com pseudofilosofia". *Cult*, online, set. 2023.
33 Ibid.

É preciso atentar para o fato de que a ciência se diz no plural: as ciências. Como também se dizem no plural os seus diferentes métodos e suas filosofias subjacentes. E se formos levar a sério a filosofia da ciência que embasa a posição da bióloga e do jornalista, áreas inteiras da física contemporânea, como a teoria da relatividade e a física quântica (não a cura quântica, mas a física a que os autores se referem como "Teoria Quântica de Verdade", seriam consideradas pseudocientíficas.[34]

A síntese da acusação dos "bobagistas" contra a psicanálise pode ser resumida à declaração de que "ela não apresenta evidências", frequentemente resvalando, no contexto da divulgação científica, na falácia de que "se não existem evidências, então a evidência é negativa". Aqui, mais uma vez, esbarramos com a dificuldade seguinte: a adoção estrita de uma concepção de ciência calcada numa hipertrofia do valor epistemológico da evidência desqualificaria não apenas a psicanálise, mas levaria junto campos que dificilmente estamos dispostos a considerar "absurdos":

> a física quântica como a psicanálise lidam com modelos – modelos sobre a estrutura da matéria, como na primeira, modelos sobre os mecanismos pulsionais da psique humana, como na segunda – que fazem uso de ideias metafísicas que extrapolam em muito a mera estatística dos dados empíricos disponíveis. O apelo à evidência está longe de ser a única virtude epistêmica indicadora de uma boa teoria científica que visa ampliar a compreensão do mundo que nos cerca.[35]

O mínimo que se espera de um novo livro, especialmente quando se trata de divulgação científica, é que ele apresente algum argumento desconhecido, um ângulo inesperado, ou então uma abor-

---

34 Ibid.
35 Ibid.

dagem mais sistemática e clara. Sobretudo, que ele não parta de declarações falaciosas. Afinal, onde está a evidência científica, a prova ou o mero artigo que justifique uma declaração como: "Já é passada a hora de reconhecer que o jogo [da psicanálise] é vazio, suas regras são arbitrárias e só o que faz é dar uma pátina de plausibilidade a conclusões ilusórias, muitas vezes insustentáveis; e que alimentam a vaidade intelectual de uns e causam dano grave à vida e à psique de outros".[36]

Ainda que qualquer método de tratamento esteja sujeito ao risco de efeitos iatrogênicos, seja por negligência, imperícia ou imprudência, onde estão os dados que indicam que isso acontece especialmente com pacientes em psicanálise ou psicoterapia? Qual a base empírica para afirmações como essa?

Quando psicanalistas apresentam extenso histórico de casos clínicos, estes são desqualificados como anedotas; quando apresentam evidências de sua eficácia clínica, diz-se que a manualização não foi boa (afinal, definir o que é psicanálise não é fácil); quando apresentam metanálises de diferentes tipos, elas não são de qualidade superior (segundo técnicas de análises estatísticas); quando se apresentam estudos extraclínicos,[37] eles não respondem ao padrão-ouro dos estudos randomizados com duplo-cego e placebo. Quando se acumulam autores e pesquisas dizendo que a psicanálise, ou as abordagens psicodinâmicas que nela se inspiram, têm o mesmo ou superior grau de evidência empírica que outras psicoterapias, apela-se para uma alusão vaga à outras psicoterapias que apresentam evidências mais robustas. Afinal, quais delas resistem aos mesmos critérios aplicados a psicanálise?

Tudo porque, para tais pseudoepistemólogos e pseudotecnólogos da ciência, parece simplesmente impossível afirmar que a

---

36 N. Pasternak e C. Orsi, op. cit., p. 197.
37 Cord Benecke, "Die Bedeutung empirischer Forschung für die Psychoanalyse". *Forum der Psychoanalyse*, v. 30, 2014, pp. 55-67.

Introdução

psicanálise apresenta evidências, sim, ainda que sua definição seja controversa, ainda que sua qualidade não seja a desejada, ainda que não queiramos participar da corrida espacial rumo ao topo da pirâmide das ciências. A falácia fundamental na qual se baseia o argumento da pseudocientificidade da psicanálise – de que ela não responde a certos critérios normativos bem específicos de um certo entendimento de ciência – aloca-a não apenas fora do campo da ciência, mas da racionalidade em geral. Participando tanto da visão de mundo científica quanto da crítica de sua tradução inequívoca ao método experimental, tarefa que toca boa parte das ciências humanas e da filosofia, a psicanálise desconfia sobretudo do discurso cientificista elevado à condição de árbitro político sobre a validade dos saberes e práticas humanas.[38]

Apresentar evidências não significa, por si só, receber a carta de admissão no clube da ciência e, como já dissemos, a psicanálise *é* apenas *como* uma ciência – tanto porque as psicanálises são muitas, com estratégias de justificação diferentes, como porque o conceito de ciência e evidência demanda discussão quando se trata das hipóteses introduzidas pela psicanálise.

Por ora, suspendemos nossas investigações sobre a teoria da prova e da verificação em psicanálise, sua afinidade com as análises de discurso, seu estatuto próprio de cientificidade para caracterizar evidências clínicas – enfim, o debate epistemológico da psicanálise mesma, em seu próprio contexto e história. Neste livro, o leitor encontrará um exercício epistemológico que consiste em tentar falar a linguagem dos nossos críticos. Apreciar seus argumentos, segundo seus próprios critérios e razões. Evitar ao máximo léxicos e pressupostos da psicanálise, para que o leitor tenha de fazer o mínimo de concessões e aceitar o menor número de pressupostos para entender nossos argumentos e teses.

---

38 Christian I. L. Dunker, *Lacan e a democracia: crítica e clínica em tempos sombrios*. São Paulo: Boitempo, 2022.

Agimos assim como fazemos com nossos analisantes, em relação aos quais aceitamos a moeda e a língua sintomática com a qual eles falam conosco.

Seria fácil lembrar que o negacionismo científico, do qual somos acusados e do qual a pseudociência é um caso particular, é o irmão siamês da atitude oposta e igualmente equivocada: o cientificismo, doutrina que afirma a superioridade absoluta da ciência em relação a outras abordagens para compreender a realidade. Ambos exageram quanto à verdadeira natureza do conhecimento. Ambos exploram o direito à reciprocidade de modo falacioso, superestimando ou subestimando os poderes e as regras do debate científico. Cientificismo e negacionismo concorreram juntos para o estado caótico que tomou conta do debate público brasileiro nos últimos anos e sedimentou o consenso da falsa reflexividade entre exposições e refutações. Segundo essa lógica, se a teoria da origem das espécies de Darwin pode ser estudada nas escolas, sua concorrente e rival concepção criacionista também deveria ter o direito de ocupar esse espaço – e um currículo escolar equilibrado poderia ser montado na base desse tipo de negociação. O que é um total contrassenso.

Não nos estenderemos sobre a ideia corrente de que consensos científicos são fabricados segundo conveniências econômicas, e que especialistas por vezes vão contra evidências quando há interesses envolvidos,[39] para concluir disso que a ciência é política feita por outros meios. Não apontaremos, como já foi feito,

---

39 A literatura sobre a infiltração de interesses políticos e econômicos na ciência é abundante. Um dos exemplos mais conhecido é o papel da indústria do tabaco. Cf. World Health Organization (WHO). *Tobacco Industry Interference with Tobacco Control*, online, 2009. Encontramos à exaustão exemplos de situações similares em quase todas as áreas da ciência, desde pesquisas sobre saúde pessoal – basta ver a oscilação do papel do ovo na nutrição, que muda de vilão a herói de tempos em tempos – até a psicofarmacologia. Recentemente, a própria *Nature* publicou um artigo intitulado "Undisclosed Industry Payments

Introdução

37

que a biopolítica da saúde, seus protocolos, consensos e normativas podem ser tão perigosos quanto a necropolítica, sistema que regula a morte de populações inteiras, inclusive por doenças como malária e febre amarela, as quais atacam majoritariamente populações empobrecidas e que, portanto, têm baixo retorno financeiro para a indústria farmacêutica.[40] Parodiando uma célebre boutade atribuída ao ex-chanceler alemão Otto von Bismarck, segundo a qual "os cidadãos não dormiriam em paz se soubessem como são feitas as leis e as salsichas", poderíamos acrescentar à lista de Bismarck, sem medo de exagerar, a própria ciência.

O desconhecimento elementar das relações entre psicanálise e ciência, de sua história, de suas problemáticas ascendentes e descendentes, a ausência de debate com os achados mais recentes iluminaram o fato de que temos poucos textos sobre esse assunto[41] disponíveis em português, e menos ainda livros que tenham se dedicado a tratar da matéria buscando o público não especialista. Daí que a comédia de erros representada pelo livro de Pasternak e Orsi nos tenha servido de pretexto para trazer algumas ideias básicas sobre o assunto, ao modo de um pequeno manual introdutório à epistemologia da psicanálise.

Lembremos que o livro que tomamos como contraexemplo é o coroamento de uma série de artigos publicados no site do Instituto Questão de Ciência, mas também de uma bibliografia emergente nos anos 2000 que envolve livros extremamente irregulares, como *Imposturas intelectuais*,[42] *A grande traição*,[43] *Freud*:

Rampant in Drug-trial Papers" [Pagamentos não divulgados da indústria aumentam desenfreadamente em documentos de testes de drogas].

40 Cf., por exemplo, "Estudo sobre fármacos revela controvérsias das parcerias público-privadas". Fiocruz, 2022.

41 Notória exceção é Paulo Beer, op. cit.

42 Alan Sokal e Jean Bricmont, *Imposturas intelectuais*, trad. Max Altman. São Paulo: Record, 2001.

43 Horace Freeland Judson, *The Great Betrayal*. Boston: Harcourt, 2004.

crepúsculo de um ídolo,[44] *O livro negro da psicanálise*[45] e *Freud: a criação de uma ilusão*.[46] Essa bibliografia retoma, por sua vez, pesquisas historiográficas realizadas nos anos 1990 que apontavam irregularidades e imperfeições nos relatos de casos freudianos, invalidando-os, assim, como prova de eficiência clínica.[47]

O que vemos nas críticas recentes é a reutilização de argumentos superados, sem ao menos o cuidado de lhes fornecer uma apresentação decente. É como tentar descongelar no micro-ondas um alimento com prazo de validade vencido. Cria-se frequentemente uma espécie de espantalho teórico mais fácil de combater. Dá-se novamente à luz um adversário inexistente, feito de retalhos e conceitos distorcidos, para então derrubá-lo.

Mas há um segundo ponto em jogo aqui. Com o passar do tempo a teoria da ciência substituiu o problema da demarcação por outra estratégia de fundamentação, não mais baseada no tudo ou nada, mas no diferencial do que se apresenta mais ou menos como científico segundo critérios de inclusão numerosos e proliferantes: publicações em revistas mais bem classificadas na hierarquia das publicações científicas, fator de impacto deduzido do número de citações geradas, verificação de critérios

---

44 Michel Onfray, *Freud: el crepúsculo de un ídolo*. México: Taurus, 2011.

45 Catherine Meyer (org.), *O livro negro da psicanálise: viver e pensar melhor sem Freud*, trad. Simone Perelson e Beatriz Medina. Rio de Janeiro: Civilização Brasileira, 2015.

46 Frederick C. Crews, *Freud: The Making of An Illusion*, op. cit.

47 Henri F. Ellenberger, "The Story of Anna O.: A Critical Review with New Data", in Mark S. Micale (org.), *Beyond the Unconscious: Essays of Henry F. Ellenberger in the History of Psychoanalysis* [1972]. Princeton: Princeton University Press, 1993, pp. 254–72; Frank Sulloway, *Freud: Biologist of Mind*. Cambridge: Harvard University Press, 1992; Paul Rozen, *Como Freud trabalhava*, trad. Carlos Eduardo Lins da Silva. São Paulo: Companhia das Letras, 1995; Frank Cioffi, *Freud and the Question of Pseudoscience*. Chicago: Open Court, 1998.

Introdução

sobre critérios em torno do controle de vieses,[48] parâmetro de verificação da estratégia Pico,[49] programas de análise e reanálise da estatística envolvida em metanálises e revisões integrativas, hierarquias de evidências, custos crescentes para a publicação em revistas qualificadas. Ou seja, nos últimos dez anos a quantidade de dados gerados em ciências da saúde e a necessidade de organizá-los e classificá-los criaram novos parâmetros de inclusão que dependem cada vez mais dos investimentos em pesquisa, investimentos que, por sua vez, dependem de quem define o que é ciência. Áreas que conseguem se justificar epistemologicamente apenas com base em critérios anteriores acabam rebaixadas à "segunda divisão" do campeonato mundial de qualificação científica, junto com outros tantos saberes menos prestigiosos. Ao fim e ao cabo, tais práticas acabariam desaparecendo da perspectiva concorrencial por recursos públicos para pesquisa, tanto quanto para inclusão em políticas públicas.

Para ficarmos num exemplo chocante, basta ver como o texto de Pasternak e Orsi lida com a bibliografia, trazendo o livro *O grande debate sobre psicoterapia*[50] para a conversa. Os autores recortam dados, como os que indicam que só 1% do desfecho psicoterápico depende do terapeuta, e leem como "falhas metodológicas" a declaração de que não existem evidências de um princípio ativo regular e constante entre as psicoterapias e o destaque dado às características pessoais dos psicoterapeutas, evitando assim o argumento básico do livro, que procura comparar justamente

---

48 Maicon Falavigna, "Robins-I: risco de viés de estudos de intervenção não randomizados". *HTAnalyze*, 23 jun. 2021.

49 A estratégia Pico, acrônimo de *Patient* (população/pacientes), *Intervention* (intervenção), *Comparison* (comparação/controle) e *Outcome* (desfecho), é utilizada para auxiliar o que de fato a pergunta de pesquisa deve especificar em seu delineamento experimental de pesquisa.

50 Bruce Wampold e Zac Imel, *El gran debate de la psicoterapia*. Barcelona: Eleftheria, 2021.

as "psicoterapias integradas ao sistema médico" com as "psicoterapias de contexto". Ficamos com a ideia de que o livro é uma crítica às psicoterapias em geral, quando seu resultado aponta, de forma robusta, que diferentes abordagens psicoterapêuticas têm o mesmo nível de eficácia e eficiência.

O que Wampold e Imel[51] mostram, é, ao contrário, que as terapias baseadas em evidências prosperaram em mutualismo com a epistemologia da medicina e que elas não são mais fortes, eficazes ou eficientes do que as psicoterapias de contexto. O modelo médico padrão postula que as doenças mentais funcionam como qualquer outra doença: sua etiologia seria descrita em termos de causalidade orgânica exclusiva ou predominante e elas responderiam a estratégias terapêuticas envolvendo princípios ativos farmacológicos ou funcionais, que remediariam os déficits e disfuncionamentos dos quais as doenças seriam os efeitos. Já o modelo contextual postula que tratamentos dotados de uma lógica convincente, envolvendo confiança no relacionamento terapêutico, promovem mudanças que reduzem o sofrimento e o mal-estar. O modelo médico afirma que alguns tratamentos são mais eficazes que outros, sobrevalorizando o caráter constante do método e desconsiderando a força ou a importância de *quem* o aplica e o *como*. A hipótese de que o princípio ativo da psicoterapia seria o "efeito psicoterapeuta" e os fatos genéricos da "relação" – como empatia, afinidade de expectativas, convergência cultural e identificação entre psicoterapeuta e paciente – é preterida em prol da hipótese de que podemos separar e ponderar os fatores de cura e medir o peso proporcional de cada um. Mas os dados trazidos pelo livro apontam que "a relação geral entre aliança e resultado em psicoterapia individual é robusta, sendo responsável por aproximadamente 7,5% da variação nos resultados do tra-

---

51 Ibid.

Introdução

tamento".[52] As psicoterapias "culturalmente adaptadas produzem resultados superiores para clientes de minorias étnicas e raciais em relação à psicoterapia convencional por d = 0,32".[53] Segundo o comentário sintético da posição final tomada no *Grande debate da psicoterapia*:

> Há uma enorme variação na qualidade das evidências científicas, mas acredito que as metanálises e as revisões de especialistas que relacionei aqui são de alta qualidade. As previsões do modelo contextual foram confirmadas pelos dados. Seguindo a visão lakatosiana, acredito que a precisão das explicações e previsões do Modelo Contextual faz dele o programa de pesquisa mais progressista. O Modelo Contextual ainda é uma voz minoritária, mas prevejo que, nos próximos dez anos, o Modelo Contextual ganhará adeptos mais rapidamente do que o Modelo Médico.[54]

Mas a conclusão trazida por Pasternak e Orsi diz exatamente o contrário disso:

> Em termos de saúde física, seria como se os antibióticos e a teoria dos germes (a teoria e a técnica por trás dela) só funcionassem bem se o médico (o terapeuta) tivesse características pessoais favoráveis, talvez o jeito de conversar, a inteligência, a simpatia, a capacidade de fazer o paciente se sentir à vontade, o acolhimento.[55]

---

52 A. O. Horvath et al., "Alliance in Individual Psychotherapy". *Psychotherapy* (Chic), mar. 2011, v. 48, n. 1, pp. 9-16.

53 S. G. Benish et al., "Culturally Adapted Psychotherapy and the Legitimacy of Myth: a Direct-comparison Meta-analysis". *Journal of Counseling Psychology*, jul. 2011, v. 58, n. 3, pp. 279-89.

54 Erik Anderson, *Art and Science II: The Great Psychotherapy Debate*, online, fev. 2020.

55 N. Pasternak e C. Orsi, op. cit., p. 184.

Como se não ocorresse aos autores que, se os dados sugerem isso, é porque características como o "jeito de conversar", a "inteligência" e o "acolhimento" são formas de descrever habilidades psicoterapêuticas importantes. Entre descobrir qual é o "princípio ativo" das psicoterapias e reconhecer que isso não é comensurável com a eficácia de um antibiótico, a dupla prefere insistir que uma melhor qualificação do método nos trará um resultado melhor. Em vez de admitir que o livro citado afirma que todas as psicoterapias apresentam resultados semelhantes em termos de eficácia e eficiência, eles preferem insistir que as psicoterapias psicodinâmicas têm menos evidências científicas e que a psicanálise não se interessa por validações de sua prática ou de seus conceitos. Ou seja, como veremos acontecer no caso de Grünbaum, a própria bibliografia trazida para corroborar uma ideia desmente as teses que se quer defender.

No panfleto, o casal Carlos Orsi e Natalia Pasternak fala em nome da ciência e da razão, a fim de combater os "perigos" das "pseudociências" e de "outras bobagens". Da homeopatia às curas energéticas, da acupuntura à astrologia, da psicanálise à crença em discos voadores. O livro não se priva de acusar seus oponentes de falsários, impostores e assim por diante. Desliza assim da avaliação epistemológica da validade ou eficácia de uma prática para a acusação moral de seus proponentes, ou para a desqualificação intelectual de seus usuários. O truque é manjado por quem conhece retórica: na falta de argumentos sólidos, desqualifique moralmente o oponente. Ou crie uma caricatura:

> [...] não se deve subestimar a sedução exercida pelo *poder de psicanalisar*: quem domina as chaves do inconsciente é como um visionário em terra de cegos, um apóstolo entre os gentios. Alguém que conhece as pessoas melhor que elas mesmas. [...] A mulher que diz "não" tem na verdade o desejo inconsciente de dizer "sim". [...] Um mundo onde é legítimo tratar todas as coisas como se elas fossem

Introdução 43

iguais a si mesmas ou símbolos de seus opostos, de acordo com as conveniências do momento, é uma Disneylândia discursiva, o algodão doce dos sofistas.[56]

Diante da reação imediata do público contra esse tipo de imprecação generalizante, a coautora respondeu que as críticas a seu livro eram misóginas, pois se dirigiam mais a ela do que ao seu marido Carlos Orsi,[57] o mesmo que se mostrou totalmente despreparado para defender suas teses diante da inquirição do psiquiatra e psicanalista Mário Eduardo Costa Pereira.[58]

A abundância de caricaturas e espantalhos não esconde o caráter inquisidor da empreitada de Orsi e Pasternak. Esse detalhe não passou despercebido, especialmente dos humoristas, que levaram suas teses ao paroxismo. Aplicando a ideia de "Disneylândia discursiva" ao próprio livro, Renato Terra imagina aonde nos levaria essa sacrossanta "missão onisciente de conscientizar-nos". Seríamos obrigados a concluir que pai de pet não é pai, já que não existem "estudos genéticos, testes de DNA ou certidões de nascimento que comprovem a parentalidade entre tutores e cães". Caso contrário estaríamos sujeitos "ao surgimento de figuras anômalas como o 'cunhado de pet'".[59] A afinidade entre o palhaço e o psicanalista já foi sugerida. É preciso levar a bobagem a sério, sob o risco de fazermos papel de sofistas na Disneylândia.

A ideia de que, quando estamos a criticar de forma veemente nossos adversários, no fundo estamos produzindo juízos involuntários sobre nós mesmos aplica-se perfeitamente aqui. Nossa crítica é também um exercício de autoironia com a ideia de que os

---

56 Ibid., pp. 193-94.
57 Id., "Não li e não gostei". *Folha de S.Paulo*, 30 jul. 2023.
58 Luís Barrucho, "A psicanálise em cheque". *Analisa*, 10 ago. 2023.
59 Renato Terra, "Pasternak define: pai de pet não é pai e focinho de porco não é tomada de três pinos. Há que se impor limites em todas as áreas da sociedade". *Folha de S.Paulo*, 31 ago. 2023.

psicanalistas estão desesperados para se afirmarem como parte da ciência por medo conspiratório de desaparição. Por isso dizemos que existem muitas evidências da psicanálise, mas que ao mesmo tempo ela se mostra, conforme a máxima de Groucho Marx, *indignada com o clube de ciência que a aceita como sócia.* Ou seja, repudia o rótulo de não ciência ou de pseudociência, mas não está à vontade com o fato de que é realmente uma ciência, humana ou não, em todos os sentidos, convencionais e normativos, que parecem reger o crivo de Pasternak e Orsi.

Por isso, começamos o livro *jogando o jogo de nossos adversários* e tentamos responder às críticas, assumindo os pontos de vista de quem nos critica; mais adiante, porém, tentamos mostrar que a problemática da fundamentação da psicanálise ultrapassa o plano do operacionalismo metodológico no interior do qual "não há nenhum motivo para que as terapias estejam isentas de passar pelos mesmos procedimentos de testagem e escrutínio crítico que se aplicam aos tratamentos propostos para aliviar as aflições do corpo"[60] e no qual a eficiência das psicoterapias pode ser avaliada como a dos antibióticos, ou do uso da vitamina C para tratar o escorbuto.[61]

Parte do sucesso editorial quase instantâneo de *Que bobagem!* tem a ver com a eleição da psicanálise como um de seus adversários, equiparada, em termos de confiabilidade, à crença em discos voadores e em deuses astronautas. A enumeração inconsequente desconsidera a quantidade e a qualidade da produção científica de pesquisadores de mestrado e doutorado que se dedicam à psicanálise nas melhores universidades brasileiras e de vários países. No fundo, agrupamentos desse tipo são encontrados nos argumentos por viés de generalização e preconceito, pois transferem a antipatia que alguém pode ter por uma dessas práticas para todas as

---

60 N. Pasternak e C. Orsi, op. cit., p. 182.
61 Ibid., p. 21.

Introdução   45

outras. A ideia de que todos têm a própria pseudociência de estimação é mais uma das afirmações sem fundamento ou evidência empírica que atravessam o livro em questão.

Não por acaso, a psicanálise tem sido o caso que desperta mais discussões e mais debates acalorados na imprensa, nas redes e nas universidades. O fato é bastante curioso, já que o capítulo dedicado à psicanálise não apresenta nenhuma novidade e, na verdade, como vimos, não só mostra profundo desconhecimento da extensa literatura crítica acerca do intrincado problema da cientificidade da psicanálise como, mais grave, exibe uma compreensão rasa do que é psicanálise.

O fato grave e imperdoável para quem quer fazer divulgação científica é que, nos anos anteriores à publicação do livro, diversas correções e uma extensa bibliografia foi apresentada ao grupo Questão de Ciência sob a forma de vídeos,[62] artigos[63] e colunas.[64]

Ninguém está imune a bobagem, nem mesmo cientistas sérios e divulgadores científicos honestos, muito menos aqueles que se assentam no tribunal da razão. Errar o alvo é muito mais fácil do que acertar. Se tomarmos mais uma vez o caso da vacina, o que deveria nos interessar é que a hesitação quanto à vacinação parece estar ligada mais a uma rejeição à medicina convencional do que a uma adesão à medicina alternativa.[65] Essa constatação, por si

---

62 C. I. L. Dunker, "Psicanálise baseada em evidências". *Falando Nisso*, n. 324, 2021.

63 Id., "A psicanálise como ciência". *Instituto de Psicologia*, 30 maio 2017.

64 Id., "Que bobagem, Pasternak! Livro não soube avaliar as psicoterapias". *Uol*, 10 ago. 2023; "Que bobagem, Pasternak! Livro erra sobre psicanálise em 9 pontos". *Uol*, 9 ago. 2023; "Que bobagem, Pasternak! Como livro falha em tratar da psicanálise". *Uol*, 8 ago. 2023.

65 Matthew Hornsey, Josep Lobera e Celia Díaz-Catalán, "Vaccine Hesitancy Is Strongly Associated with Distrust of Conventional Medicine, and Only Weakly Associated with Trust in Alternative Medicine". *Social Science e Medicine*, v. 255, 2020.

só, deveria nos deixar de orelha em pé. Divulgadores científicos não deveriam queimar fosfato para combater pessoas que acreditam em deuses astronautas ou curas energéticas. O desafio é lidar com pessoas que rejeitam a ciência por causa de fatores intrínsecos a ela, sem necessariamente aderir ao "pensamento mágico".

Nesse sentido, o pior inimigo da ciência é o cientificismo. Em linhas gerais, cientificismo nada mais é do que a crença – nada científica, aliás – de que existiria uma e apenas uma forma de conhecimento legítimo. Essa forma de conhecimento, por sua vez, comungaria com um método-padrão de obtenção e validação de conhecimento que deveria ser utilizado por todos os campos postulantes a credenciais científicas, ajustando aqui e ali um ou outro parâmetro. Parece que ninguém quer saber dos efeitos colaterais do cientificismo na proliferação de crenças conspiratórias e na rejeição da figura do especialista. Em boa parte dos escritos daqueles que se preocupam com o negacionismo ou com o obscurantismo não costuma haver uma linha sequer indagando os efeitos colaterais da hipertrofia da própria visão científica de mundo. O que, afinal de contas, "a ciência" não quer saber?

Nas páginas que se seguem, nos dedicaremos tanto a apresentar algumas credenciais científicas como a mostrar que ter essas credenciais não é o mais importante. A noção de evidência é mais complexa do que parece quando é definida no escopo da fala, da língua e da linguagem. Contudo, ainda que a psicanálise leve em conta as relações de autocompreensão e a interpretação que os sujeitos fazem de seus próprios sintomas e de seu percurso durante o tratamento, ainda que a melhor comparação deva ser feita entre a pessoa e ela mesma, isso não significa necessariamente que a fundamentação epistemológica da psicanálise pertence ao campo da hermenêutica. Em seus melhores momentos teóricos, clínicos e políticos, a psicanálise está a léguas de distância do método científico, padrão das ciências duras, e importam-lhe ferramentas, modelos e procedimentos de campos tão diversos quanto as artes e a poesia, a antropologia e a psicologia do desenvolvimento, a linguística e a topologia, a teoria social e a história.

Isso porque há uma distância entre saber e verdade, e mais um degrau entre ambas e aquilo que chamamos de Real. Essas distâncias não são barreiras intransponíveis. A própria psicanálise inventou ou adotou modelos importados de outros lugares para formalizar esses impasses. Mas não é isso que interessa aqui, por enquanto.

Vale lembrar, e essa é uma das raras descrições acertadas que Orsi e Pasternak fazem da psicanálise, que esta é uma "arte da cura pela palavra". Circunscrição essencial. Mas o que é a palavra? Qual ciência tem a chave que nos desvendará os segredos da linguagem? Um cientista certamente nos diria que a linguística é o melhor conhecimento disponível acerca da realidade factual da linguagem, o que é bastante plausível. Filósofos da linguagem poderiam reivindicar algum conhecimento válido, retores, ou especialistas em comunicação, também poderiam. Recentemente um de nossos neurocientistas mais brilhantes, Sidarta Ribeiro, fez notáveis contribuições à diagnóstica da esquizofrenia, atentando-se para a maneira como os pacientes falam e, particularmente, como falam de seus sonhos.[66] Não há, portanto, nenhuma oposição ontológica entre os achados das neurociências e a prática da psicanálise. Há continuidades e descontinuidades entre os dois campos teóricos,[67] alojadas especialmente no terreno metodológico, que parecem mais agudas no plano superficial da divulgação científica, e cada vez menos importantes quando nos aprofundamos no tema. Quanto mais

---

66 Natália B. Mota, Mauro Copelli e Sidarta Ribeiro, "Thought Disorder Measured as Random Speech Structure Classifies Negative Symptoms and Schizophrenia Diagnosis 6 Months in Advance". *Schizophrenia*, v. 3, 2017.
67 Ver, por exemplo, François Ansermet, "Continuité et discontinuité, entre neurosciences et psychanalyse". *Fondation Agalma*, online, maio 2018.

mergulhamos no tema, mais convergências emergem, por exemplo, quanto ao estatuto da singularidade.[68] Os pontos nos quais a hipótese do recalcamento ou a causalidade da fobia podem ser abordadas por métodos extraclínicos abrem importantes horizontes de reconsideração teórica e conceitual, para ambos os campos, como é desejável, aliás, no trabalho científico.

Este não é um livro para mostrar que a psicanálise é uma ciência. Nele não se encontrará a recapitulação dos extensos e continuados esforços de gerações de psicanalistas para fundamentar sua prática, refinar seus conceitos e transmitir melhor sua experiência. Aqui tampouco se discutirá a rede de argumentos e debates da psicanálise com a filosofia da ciência. Nosso objetivo não é argumentar em quais termos se pode dizer que a psicanálise é ou não uma ciência, mas mostrar que ela se comporta *como uma ciência* e busca se inscrever no quadro geral de justificação da ciência. Ela pode apresentar evidências, criticar conceitos, verificar e reformular hipóteses, avaliar efeitos e eficácias de suas práticas, participar da pesquisa universitária. Há muito dogmatismo na psicanálise, mas isso, infelizmente, acontece também com diversos cientistas que se apegam demais às próprias ideias. Seria um erro dizer que os psicanalistas se recusaram desde sempre a apresentar suas razões, causas e motivos de forma pública, laica e crítica.

Nossos interlocutores na primeira parte do livro compõem um respeitável instituto de divulgação científica (o Instituto Questão de Ciência) que há anos vem produzindo material crítico e desabonador da psicanálise. Reproduzindo críticas de outros contextos que não o debate nacional, resenhando objeções provenientes de biógrafos e teóricos da ciência, o referido site, que faz em geral um bom trabalho em outras disciplinas científicas, fica abaixo da crítica quando se trata de psicologia e psicanálise. Talvez isso venha de uma posição unicista, que entende que a

---

68 Ibid.

Introdução   49

ciência é uma só, independentemente de seus objetos específicos e das peculiaridades de seus métodos, que devem permanecer mais ou menos os mesmos da biologia para a sociologia, da matemática para a história, da física para a antropologia, do direito para a psicanálise. Há muitos pesquisadores conscienciosos na Psicologia Baseada em Evidências, vários epistemólogos da psicologia que cumprem uma função realmente crítica, assim como divulgadores científicos rigorosos e responsáveis. Esperamos contribuir com eles para aprimorar a pesquisa sobre psicoterapia de modo a fazer frente às urgentes demandas de transformação no campo da saúde mental. Nessa direção, concordamos com as considerações feitas pela revista *The Lancet*, um dos veículos mais indiscutivelmente científicos entre os jornais científicos:

> Para fazer isso [melhorar a qualidade da pesquisa sobre psicoterapia], sugerimos uma nova parceria entre os campos da psicologia experimental, da saúde pública e da psicanálise – o campo que primeiro postulou mecanismos de defesa, como a negação, e ainda o único campo que tenta tratá-los. Embora os psicanalistas tenham historicamente resistido a colaborações com psicólogos experimentais e epidemiologistas, o momento é propício para mudanças. Após décadas de insularidade, a American Psychoanalytic Association começou a abrir suas portas e dar poder a seus membros, que há muito tempo buscam maior integração com a ciência experimental e maior envolvimento com a saúde pública. [...] Os psicanalistas de mentalidade insular do passado ajudaram a provocar essa desconexão, mas seria um erro presumir que, por causa disso, os psicanalistas não tenham nada a oferecer. A negação nos cerca no momento; ignorar o saber psicanalítico nessas circunstâncias poderia ser justamente interpretado como outra instância de negação.[69]

---

69 Austin Ratner e Nisarg Gandhi, "Psychoanalysis in Combatting Mass Non-Adherence to Medical Advice". *The Lancet*, v. 396, n. 10.264, 2020, p. 1730.

Parte I

— NEM CIÊNCIA NEM PSEUDO-CIÊNCIA

1. Advogando pelo diabo

Heads I win, tails you lose.
Ditado inglês

"Cara eu ganho, coroa você perde." Essa é a forma-padrão dos inúmeros e, muitas vezes, tediosos argumentos acerca da alegada pseudocientificidade da psicanálise. Um exemplo recorrentemente utilizado para "comprovar" a pseudocientificidade da psicanálise pode ser resumido assim: *o analista tem sempre razão*, uma espécie de tropo retórico que foi mobilizado por diversos críticos ao longo da história. Em sua fórmula canônica, a crítica é apresentada mais ou menos da seguinte maneira: há um círculo vicioso na confirmação de teses e interpretações psicanalíticas, exemplificadas pela impossibilidade de um paciente desconfirmar uma interpretação no contexto da análise. Se o paciente concorda com a interpretação, ela só pode ser verdadeira. Se discorda, ela permanece verdadeira, sendo explicada com o argumento ad hoc da resistência do paciente, quando não de sua inclinação para a denegação.

Essa forma-padrão desemboca em "o analista tem sempre razão" tanto no interior da clínica quanto na formulação de teorias, ou na insubmissão à regulação externa de ciências ditas "mais maduras". Evidências negativas, tais como fatos que contradigam hipóteses psicanalíticas, sempre poderiam se beneficiar do mesmo tipo de raciocínio circular: o psicanalista sempre tem uma carta na manga, podendo evocar conceitos como repressão, desmentido, transferência negativa, que, diga- -se de passagem, seriam conceitos não comprovados empirica- mente para desqualificar a pesquisa empírica séria, essa sim calcada em evidências epistemicamente neutras. Finalmente, faltariam evidências da eficácia clínica atestada por estudos controlados de padrão-ouro, com duplo-cego e placebo, por- que os psicanalistas, ao discutir a própria ideia de mensurar a "eficácia clínica" a partir de critérios supostamente neutros, estariam, no fundo, confessando a fragilidade de seu método. Ao fim e ao cabo, psicanalistas seriam negacionistas científicos ou falsários do pensamento.

Com variações, diga-se de passagem, não muito criativas, essa forma-padrão seduziu desde filósofos da ciência sérios, como Karl Popper, até divulgadores da ciência que surfaram na onda do "criticismo", passando por revisionistas diversos ao longo de algumas décadas, até chegar aos "bobagistas" de plantão. O que conecta a maioria desses críticos e revisionistas, com as hon- rosas exceções que mencionaremos adiante, é o absoluto des- conhecimento da prática que eles criticam, dos conceitos que a fundam e dos desdobramentos e transformações internos da própria disciplina ao longo do tempo. Sem contar que ignoram a problematização acerca da naturalização de critérios de normal e patológico no campo da saúde mental.

Um caso exemplar do argumento-padrão contra a cientifici- dade da psicanálise remonta à época em que o próprio Freud era vivo. Karl Kraus incendiava a cena cultural vienense com sua revista satírica *Die Fackel* [A tocha]. No número 256, publicado em junho de 1908, ele nos dá a tônica do que viria a ser a crítica vienense à psicanálise, a mesma Viena onde Karl Popper nasce em 1902. Diz Kraus: "A ciência de outrora negava a sexualidade dos adultos. A nova pretende que o bebê já experimenta volúpia durante a defecação. A antiga visão era melhor: os interessados podiam, pelo menos, contradizê-la".[1]

A impossibilidade de crítica às teses psicanalíticas em razão de sua imediata assimilação a mecanismos de resistência psíquica – e não a argumentos racionais – foi muitas vezes o principal cavalo de batalha de muitos opositores. É verdade que Freud convida o analisando ao rebaixamento de sua própria atividade crítica, mas não em relação ao analista. Isso é condição para a consecução da regra fundamental da psicanálise, a associação livre, e não uma demissão de ideias e opiniões próprias. Freud sublinhou muitas vezes que resistências à psicanálise seriam primeiramente de natureza afetiva ou psicológica, antes de serem de natureza racional ou epistemológica. Não por acaso, volta e meia esse argumento é reeditado. Isso não quer dizer que a crítica à doutrina psicanalítica deva cair necessariamente na vala comum dos mecanismos de resistência psíquica. O problema, segundo Wittgenstein, "seria o de separar o argumento técnico, que pressupõe a suspensão da atividade crítica como meio de abordagem do inconsciente na prática psicanalítica, da manutenção desta mesma suspensão como meio de imposição dogmática da teoria".[2]

Mas a forma canônica dessa vertente da crítica ficou conhecida pela fórmula: "cara eu ganho, coroa você perde", como se a estrutura do discurso psicanalítico ainda fosse a do convencimento e da persuasão, tal como apontou Havelock Ellis,[3] médico eugenista inglês que se interessava pela descrição da sexualidade. O curioso é que o próprio Freud discute minuciosamente essa

---

1   Frederico Carvalho, *O fim da cadeia de razões: Wittgenstein, crítico de Freud*. São Paulo: Annablume/Fumec, 2002, p. 29.

2   Ibid., p. 31.

3   Cf. Gilson Iannini, "Notas do editor", in Sigmund Freud, "Construções na análise", *Fundamentos da clínica psicanalítica*, trad. Cláudia Dornbusch. col. Obras Incompletas de Sigmund Freud. Belo Horizonte: Autêntica, 2017, p. 380.

crítica em "Construções na análise",[4] artigo publicado em 1937. Ou seja, há mais de oitenta anos dispomos de uma contundente refutação à conjectura crítica.

> Se ele [o paciente] concorda conosco, estamos com razão; mas se ele nos contraria, então seria apenas um sinal de sua resistência e, portanto, também mostraria que temos razão. Dessa forma, sempre teremos razão diante de uma pobre pessoa desamparada que analisamos, não importando como ela possa se comportar diante das nossas confrontações. Como é verdade que um "não" de nosso paciente em geral não nos move a abdicarmos de nossa interpretação considerando-a equivocada, tal exposição de nossa técnica foi muito bem-vinda para os adversários da análise. Por isso, vale a pena apresentar em detalhes como costumamos avaliar o "sim" e o "não" do paciente – a expressão de sua concordância e de sua oposição – durante o tratamento analítico.[5]

Em psicanálise, a polissemia e a equivocidade da linguagem são levadas extremamente a sério. Por que não seria nesses casos? O "sim" não é condição nem necessária nem suficiente para confirmar a validade de uma interpretação ou construção. O próprio Freud trata assim a questão: "Esse 'sim' só tem algum valor se for seguido de confirmações indiretas, se o paciente, logo depois do sim, produzir novas lembranças, que complementam e ampliam a construção. Só nesse caso reconheceremos o 'sim' como a plena resolução do respectivo ponto".[6] O caso da negativa pode ser ainda mais polissêmico. Algumas vezes, o "não" pode estar plenamente justificado e pode bastar para que o analista recue de sua inter-

---

4   S. Freud, "Construções na análise", op. cit.
5   Ibid., p. 365.
6   Ibid., p. 372.

1. Advogando pelo diabo

pretação.[7] Outras vezes, o "não" do paciente revela algo sobre a própria natureza da intervenção analítica: "toda construção é incompleta e abarca apenas um pequeno fragmento do acontecimento esquecido",[8] o que quer dizer que quem detém a chave do próprio inconsciente é o analisante, e não o analista, e que, além disso, a verdade em psicanálise não funciona segundo o modelo da "adequação": ela é muito mais "processo", quer dizer, inclui a variável tempo e a dimensão dialética do processo clínico.

Depois de discutir em detalhes o argumento, analisando a polissemia do "sim" e do "não", Freud conclui que nem um nem outro podem ser tomados como *critérios* suficientes de validade de uma interpretação ou construção. Sublinhemos: nem o sim nem o não. O que importa são os efeitos da intervenção *ao longo do tratamento*. Freud respondeu a opositores como Pasternak e Orsi – e muitos outros – antes mesmo de eles (ou, em alguns casos, dos pais deles) nascerem. Escreve Freud:

> [...] a *confirmação indireta* por meio das associações que combinam com o conteúdo das construções e que trazem consigo um "também" [...] fornece ao nosso juízo alguns pontos de apoio para descobrir se essa construção se mostrará verdadeira na continuidade da análise. Resumindo: constataremos que não merecemos a crítica de que desprezamos e colocamos de lado a posição do analisando em relação às nossas construções. Nós prestamos atenção a ela e dela muitas vezes retiramos pontos de apoio valiosos. Mas essas reações do paciente geralmente têm múltiplos significados e não permitem uma decisão definitiva. Apenas a continuidade da análise poderá trazer a decisão sobre a correção ou a inutilidade da nossa construção. Entendemos a construção individual como nada mais que uma suposição, que aguarda a verificação, a comprovação ou

---

7 Ibid.
8 Ibid.

o descarte. Não pleiteamos autoridade para ela, não exigimos do paciente nenhuma concordância imediata, não debatemos com ele quando ele inicialmente rebate.[9]

Sublinhemos: a intervenção do analista não é mais do que "uma suposição" e essa suposição "aguarda a verificação, a comprovação ou o descarte".[10] Atitude mais científica do que essa, mesmo no interior da clínica, parece difícil de imaginar.

A verdade em psicanálise depende, portanto, de "confirmações indiretas", derivadas da capacidade de uma intervenção para produzir efeitos, como eventuais remissões de sintoma, melhora geral do quadro clínico ou, mais costumeiramente, evocação de rememorações, produção de sonhos, mudanças na posição subjetiva diante do sintoma, da fantasia, do gozo etc. Freud lembra uma passagem de *Hamlet* segundo a qual "às vezes, uma isca de falsidade fisga uma carpa de verdade". Um episódio biográfico, meio anedótico, que talvez mereça ser citado mais por seu sabor do que por qualquer outro motivo. A irmã de Ludwig Wittgenstein, Margarethe Stonborough-Wittgenstein, mais conhecida como Gretl, fez análise por cerca de dois anos com Freud. Em 1905, Gustav Klimt havia pintado seu retrato. Certa vez, Gretl confronta uma interpretação de Freud. Ele responde com o silêncio. Nem cara nem coroa. Gretl mantém contato com Freud até a morte dele. Moral da história: um retrato não precisa ser mais verdadeiro ou mais falso para transformar a pessoa que nele se reconhece. "Construções na análise" pode ser visto como uma resposta, em muitos casos antecipada, ao argumento-padrão de que "cara eu ganho, coroa você perde". Escolhemos esse exemplo singelo para iniciar este capítulo por razões óbvias. A forma-padrão do argumento popperiano foi requentada muitas vezes, sem

---

9 Ibid., p. 375; grifo nosso.
10 Ibid.

1. Advogando pelo diabo

que em nenhuma delas houvesse o cuidado de checar se havia algum contra-argumento disponível. E esse contra-argumento foi publicado há pelo menos oitenta anos, pelo próprio Freud. O descuido – ou seria melhor dizer descaso? – com a coisa criticada é tamanho que parece que estamos diante de um espantalho teórico. Voltaremos a esse debate e à sua complexidade mais adiante.

É claro que nem Popper nem os bravos guardiões da galáxia científica que lhe sucederam, especialmente entre nós, conheceram esse texto ou a longuíssima literatura especializada que discute há décadas os desafios epistemológicos da psicanálise. Isso certamente exigiria deles um esforço a mais: "Brasileiros, um esforço a mais se quereis ser antifreudianos ou antikleinianos ou antilacanianos etc.", diríamos à maneira de Sade.[11] Mas façamos, por generosidade, o breve exercício de emprestar um pouco mais de energia a seus argumentos em desfavor da psicanálise.

---

11 A frase original do Marquês de Sade é: "Franceses, mais um esforço se quereis ser republicanos" (*A filosofia na alcova*, trad. Contador Borges. São Paulo: Iluminuras, 1988, p. 82).

2. Corvos repousam nos braços do espantalho

Uma leitura minuciosa de "Construções na análise" (1937) poderia ser um bom ponto de partida para críticas à psicanálise um pouco mais bem informadas. A esse roteiro acrescentaríamos, é claro, "A negação" (1925) e "Sobre o sentido antitético das palavras primitivas" (1910).[1] Sobre a alegação de que Freud apenas menciona exemplos confirmatórios, escolhidos a dedo, recomendamos especial atenção à própria estrutura composicional de *A interpretação dos sonhos* (1900),[2] que adota expressamente a metodologia de confrontar hipóteses teóricas a sonhos que as contradizem. Quanto aos casos clínicos publicados, vale a pena esclarecer que boa parte deles é de insucessos clínicos declarados que exigiram reformulação técnica e/ou teórica. Afinal, que interesse haveria em publicar casos de sucesso terapêutico? Nesse sentido, críticas consequentes deveriam começar por essa constatação absolutamente trivial.

É certo que toda a formação científica de Freud foi realizada no ambiente duro do fisicalismo alemão, o que deixou marcas profundas em sua maneira de trabalhar, particularmente em sua obsessão pelo fato clínico. Contudo, ainda que de maneira bas-

---

1   Há boas traduções brasileiras desses textos publicados tanto pela Companhia das Letras quanto pela Autêntica.

2   S. Freud, *A interpretação dos sonhos* [1900], in *Obras completas*, v. 4, trad. Paulo César de Souza. São Paulo: Companhia das Letras, 2019 , pp. 13–25.

tante precoce, Freud percebeu que a natureza do material bruto da psicanálise exigiria do pesquisador algumas habilidades não aprendidas em laboratório. Já em 1895, mesmo ano em que redige o célebre *Projeto de uma psicologia*,[3] seu último esforço de descrever em vocabulário exclusivamente naturalista sua teoria do aparelho neuronal, ele publica os *Estudos sobre a histeria*.[4] Na discussão do caso Elisabeth, ele se surpreende, ou finge se surpreender, com o fato de que as histórias contadas pelas pacientes (*Krankengeschichten*) deveriam ser lidas pelo analista muito mais como romances (*Novellen*). Chega mesmo a afirmar que não era psicoterapeuta de formação e que ainda se incomodava por redigir casos clínicos que mais lembravam romances e pareciam prescindir "do cunho austero da cientificidade".[5] Em outros termos: desde o início, o psicanalista estava advertido da necessidade de forjar um método próprio, que transitasse entre registros discursivos diversos – era preciso combinar pelo menos o rigor conceitual do cientista com o rigor formal do poeta/escritor (*Dichter*). Não custa lembrar: não se trata aqui de um elogio romântico a uma suposta oposição entre a liberdade da poesia e a rigidez da ciência. Ao contrário, a tarefa do analista consiste em ler os relatos clínicos como romances, com todo o rigor formal que é exigido pela própria apresentação do material. Convém não confundir rigor e rigidez. Ler os relatos clínicos como romance: a objetividade do fato clínico depende, por óbvio, de sua construção formal ou narrativa.

Em psicanálise, não há instrumentos como questionários nem protocolos e técnicas padronizadas. A construção do caso clínico engloba recursos linguísticos heterogêneos, que vão desde

---

3 Id., *Projeto de uma psicologia*, trad. Osmyr Faria Gabbi Jr. Rio de Janeiro: Imago, 1995.

4 S. Freud e Josef Breuer, *Estudos sobre a histeria* [1895], in *Obras completas*, v. 2, trad. Laura Barreto. São Paulo: Companhia das Letras, 2016.

5 Ibid., p. 231.

a descrição dos sintomas e mecanismos psíquicos até o uso do fragmento e do aforismo para detectar o detalhe ínfimo; desde o estabelecimento de inferências causais entre eventos aparentemente desconexos até a reconstrução narrativa de detalhes das cenas descritas. Portanto, quem quiser criticar os casos clínicos freudianos em prol de abordagens terapêuticas de embasamento mais "científico" precisa não apenas de formação científica adequada, incluindo alguma familiaridade com psicopatologia geral, mas também de uma formação mínima em teoria da literatura ou, pelo menos, certa sensibilidade a formas e regimes discursivos que não se fecham em proposições ou enunciados com pretensões verificacionistas, em teorias da verdade como mera adequação e assim por diante. Aos nossos críticos sérios, apontamos ainda outro programa de investigação. Como afirmou recentemente Vladimir Safatle:

> É materialmente impossível descrever o século XX, suas aspirações, tensões e transformações, sem entendermos como nossa cultura é, em larga medida, uma "cultura psicanalítica". Isso significa: uma cultura forjada pela circulação da psicanálise em consultórios, hospitais, escolas, filmes, literatura, mas também em periferias, lutas sociais, entre outros.
>
> Entender tal força de influência de uma prática clínica exige um trabalho de sociologia das ideias que muito poderia acrescentar ao debate. Trabalho que poderia trazer elementos para responder, de forma mais objetiva, a questões como: por que a psicanálise se inseriu de forma tão orgânica na história das sociedades ocidentais? Foi porque Freud era um "ótimo publicitário", um "astuto prestidigitador"? Ou foi porque a psicanálise efetivamente diz algo de relevante a respeito da estrutura de nossa subjetividade e cultura?[6]

6　Vladimir Safatle, "Construindo polêmicas em direção a lugar algum". *Cult*, ago. 2023.

2. Corvos repousam nos braços do espantalho

Um pouquinho de teoria social faria bem para fortalecer a crítica. Também seria de bom-tom que nossos críticos discutissem as centenas de dissertações e teses de mestrado e doutorado produzidas no Brasil (por exemplo, nos últimos dez anos) a fim de verificar a diversidade de temas, abordagens e casos clínicos que culminam na reformulação de aspectos da teoria ou apontam novos caminhos para a pesquisa. Sem dúvida, nossos adversários encontrarão bastante dogmatismo, doses desnecessárias de jargão e outros cacoetes da área que ainda vicejam nas comunidades psicanalíticas. Mas certamente encontrarão uma riqueza de materiais, métodos e resultados práticos que os surpreenderá.

Uma última consideração: caso a eleição do ângulo da crítica à psicanálise continue privilegiando o aspecto epistemológico, recomendamos fortemente a leitura à risca do texto de um dos autores mais citados ultimamente pelos detratores da psicanálise: o filósofo da ciência Sven Ove Hansson, que publicou recentemente um decálogo de "como não defender a ciência". A maioria dos textos até agora publicados contra a psicanálise e, supostamente, "em favor da ciência" peca na maior parte dos critérios ali elencados. O debate ficaria mais estimulante se nossos adversários se dedicassem um pouco mais à crítica de ideias e um pouco menos ao ativismo vazio. Ademais é bem possível que os "dez mandamentos" propostos por Hansson possam ser prontamente aceitos pela maior parte dos psicanalistas, que, aliás, sabem mais do que ninguém que o melhor de reconhecer mandamentos é a possibilidade de cometer os pecados que eles tornam possíveis. Eis o decálogo:[7]

- Não retratar a ciência como um tipo único de conhecimento.
- Não subestimar a incerteza científica.

---

7 Sven Ove Hansson, "How not to Defend Science: A Decalogue for Science Defenders". *Disputatio*, v. 9, n. 13, 2020.

- Não descrever a ciência como infalível.
- Não negar a interferência de pressupostos teóricos de cada ciência.
- Não se associar ao poder.
- Não culpar as vítimas por desinformação.
- Não tentar convencer os propagandistas anticientíficos.
- Não contribuir para a legitimação da pseudociência.
- Não atacar a religião quando ela não estiver em conflito com a ciência.
- Não se autodenominar um "cético".

Já se tornou tradição realizar críticas destitutivas à psicanálise. Críticas desse tipo não abarcam pontos específicos da prática, de seus sistemas de justificação, epistêmicos ou éticos, desenvolvidos por psicanalistas, por suas instituições ou comunidades de trabalho. Críticas destitutivas objetivam excluir a psicanálise de seu lugar no debate acadêmico, declarar impertinente sua relação com as ciências – uma impostura, como outras ciências humanas –, criando assim um contraste com a psicologia evidencialista. Elas derrogam suas pretensões de eficácia e eficiência psicoterapêutica e evoluem, ao fim, para a imputação de má-fé. A expressão "pseudociência" tem sido empregada, nesse contexto, não apenas para situar a psicanálise no interior do problema epistemológico da demarcação, em que de início foi empregada, mas também para justificar sua exclusão da pesquisa e do debate público, seja pela ciência, seja pela arte, seja pela sua pretensão de contribuir para o campo da saúde.

Tais objeções são tipicamente reunidas em um mesmo grupo, que, quando olhado de perto, revela estratégias críticas muito diferentes. Há um primeiro conjunto de críticas que abordam a psicanálise como um tipo de conhecimento. Para tanto, tomam-na metodologicamente como um campo unitário e conexo, epistemicamente definido de forma dedutiva a partir de enunciados protocolares, presentes, digamos, na metapsicologia freudiana. A estratégia foi celebrizada por Popper em

1963, mas de certa forma já estava presente, como vimos, nas análises de Wittgenstein sobre o tipo de interpretação praticado pela psicanálise e terá sua continuidade nas interessantes objeções, levantadas por Frank Sulloway em 1979, de que Freud teria sido um mal intérprete de suas próprias pretensões científicas, culminando no excepcional trabalho de Grünbaum em 1984, *The Foundations of Psychoanalysis: A Philosophical Critique*, que enfatiza o tipo de argumentação encontrado na teoria psicanalítica.

A segunda linha crítica não pretende apenas apontar problemas de justificação, mas invalidar a prática, por isso suas críticas destitutivas costumam atacar a qualificação moral e metodológica de Freud. Geralmente é apoiada por revelações históricas que envolvem a disparidade entre o que Freud fazia e o que dizia que fazia e incluem relatos de ex-pacientes e colaboradores. Mas o profícuo trabalho de recomposição arqueológica dos primórdios da psicanálise pode ser usado facilmente para denunciar que Freud mentiu, que ele tinha um caso com a cunhada ou que era má pessoa. Críticas destitutivas contra a psicanálise afirmam não apenas que ela é uma pseudociência, forjada sobre falsas apreciações clínicas e más intenções morais, mas também que é nociva e perigosa.

Em 1952, Hans Eysenck,[8] pioneiro na avaliação das psicoterapias, afirmava que nenhuma delas funciona efetivamente, que os resultados podem ser atribuídos ao placebo e à sugestão. Uma avalanche de pesquisas, na década de 1970, mostraram justamente o contrário, ou seja, que todas funcionam, sem que se saiba isolar muito bem quais são as condições para um melhor desempenho.[9]

---

8   Hans J. Eysenck, "The Effects of Psychotherapy: An Evaluation". *Journal of Consulting Psychology*, v. 16, n. 5, 1952, pp. 319-24.

9   Kenneth Z. Altshuler, "Will the Psychotherapies Yield Differential Results? A Look at Assumptions in Therapy Trials". *American Journal of Psychotherapy*, v. 43, n. 3, 1989, pp. 310-20; Allen E. Bergin, "The Effects of Psychotherapy: Negative Results Revisited". *Journal of Counselling Psycho-*

O estado inconclusivo dessa matéria, estado que perdura até hoje, dá margem a outro tipo de crítica, agora orientada para a pessoa de Freud, ou ilações sobre a periculosidade de seu método. Nessa linhagem da retórica pirotécnica contra Freud encontraremos Michel Onfray,[10] declarando que Freud colaborou com o Instituto Göring ou sustentou Engelbert Dollfuss, o que é, de todos os pontos de vista históricos, falso. Freud perdeu quatro irmãs em campos de concentração, negou-se a barganhar com

---

logy, v. 10, 1963, pp. 244-50; Dianne L. Chambless e Thomas H. Ollendick, "Empirically Supported Psychological Interventions; Controversies and Evidence". *Annual Review of Psychology*, v. 52, 2001, pp. 685-716; Denker, G. "Results of a Treatment of Psychoneuroses by the General Practitioner". *New York State Journal of Medicine*, v. 46, 1946, pp. 2146-66; Donald J. Kiesler, "Some Myths of Psychotherapy Research and the Search for a Paradigm". *Psychological Bulletin*, v. 65, 1966, pp. 110-36; S. Mark Kopta et al., "Individual Psychotherapy Outcome and Process Research: Challenges Leading to Greater Turmoil or a Positive Transition?". *Annual Review of Psychology*, v. 50, 1999, pp. 441-69; Carney A. Ladis, "A Statistical Evaluation of Psychotherapeutic Methods", in Leland E. Hinsie (org.), *Concepts and Problems of Psychotherapy*. New York: Columbia University Press, 1937, pp. 143-62; Arnold Lazarus, "Toward Delineating Some Causes of Change in Psychotherapy". *Professional Psychology*, v. 11, 1980, pp. 863-70; Lester Luborsky, "A Note on Eysenck's Article 'The Effects of Psychotherapy: An Evaluation'". *British Journal of Psychology*, v. 45, 1954, pp. 129-31; Lester Luborsky, Barton Singer e Lise Luborsky, "Comparative Studies in Psychotherapy: A Review of Quantitative Research". *Archives of General Psychiatry*, v. 32, n. 8, 1975, pp. 995-1008; David H. Malan, "The Outcome Problem in Psychotherapy Research: A Historical Review". *Archives of General Psychiatry*, v. 29, n. 6, 1973, pp. 719-29; Isaac M. Marks e Michael G. Gelder, "Common Ground Between Behavior Therapy and Psychodynamic Methods". *British Journal of Medical Psychology*, v. 39, 1966, pp. 11-23; Judd Marmor, "Dynamic Psychotherapy and Behavior Therapy: Are They Irreconcilable?" *Archives of General Psychiatry*, v. 24, 1971, pp. 22-28; Rosenzweig, Saul "A Transvaluation of Psychotherapy a Reply to Hans Eysenck". *Journal of Abnormal and Social Psychology*, v. 49, 1954, pp. 298-304.

10 Michel Onfray, *Freud: el crepúsculo de un ídolo*. México: Taurus, 2011.

---

2. Corvos repousam nos braços do espantalho

o nazismo, mas, ainda que fosse o contrário, o que isso importaria para a veracidade de suas teses? Os livros de Freud foram queimados pelos nazistas, mas isso não os torna nem mais nem menos verdadeiros.

Outro exemplo típico desse procedimento se encontra, por exemplo, no trabalho de Frederick Crews *As guerras da memória*,[11] que aborda um conjunto de psicoterapeutas processados por familiares de pacientes por terem inoculado falsas memórias de abusos e maus-tratos em seus filhos e netos. Apesar de esses psicoterapeutas reconhecidamente não terem ligação com associações psicanalíticas de formação, apesar de eles próprios não se declararem psicanalistas, bastou que utilizassem o método da hipnose – que, diga-se de passagem, foi solenemente abandonado por Freud antes mesmo de ele estabelecer a psicanálise como campo – para que incriminassem Freud e a psicanálise como responsáveis pela imperícia, imprudência e negligência que prejudicou tantas vidas e famílias.

Esses dois níveis de objeção são reunidos em geral por uma terceira linha de suporte "popular". Revistas de grande circulação, matérias de imprensa ou declarações contundentes de algum pesquisador, frequentemente especializado em outra área de conhecimento, acabam resumindo o conjunto das críticas ao fato de que Freud ou Lacan seriam charlatões, impostores, logo suas obras deveriam ser excluídas ou desqualificadas para o debate público. Em 1993, a capa da revista *Time* perguntava: *Is Freud dead?* [Freud está morto?];[12] em 2006, Todd Dufresne publica seu *Killing Freud* [Matando Freud],[13] mas, quase vinte anos depois,

---

11 F. C. Crews, *As guerras da memória*, trad. Milton Camargo Motta. Rio de Janeiro: Paz e Terra, 1999.

12 "Is Freud Dead?". *Time*, 29 nov. 1993.

13 Todd Dufresne, *Killing Freud: Twentieth Century Culture and the Death of Psychoanalysis*. New York: Bloomsbury, 2006.

ainda estamos discutindo vivamente sua morte – e seu funeral perpétuo continua atraindo multidões.

A maior parte dos psicanalistas considera esse tipo de argumentação irrelevante e desprovida de verdadeiro interesse para a reformulação crítica ou autocrítica da psicanálise. Na verdade, a confusão frequente das críticas destitutivas e a parasitagem que elas costumam praticar em relação ao material crítico de primeira qualidade acabam por prejudicar o debate como um todo, impedindo que as críticas assumam uma potência transformativa desejável, como se gostaria de incrementar. Ou seja, na prática muitos psicanalistas deixam de frequentar esse material porque ele é, no fundo, uma versão acadêmica da corrupção jornalística da informação, conhecida como fake news. Tais críticas recortam fragmentos corretos e os montam de maneira abusiva, com o típico interesse de desabonar pessoas e teorias em conjunto e beneficiar-se da generalização para produzir efeitos de contraste, polarização e, certamente, marketing. Isso concorre também para um reforço do que Waldir Beividas[14] apontou como "excesso de transferência na pesquisa psicanalítica", ou seja, uma tendência a não responder aos críticos e reforçar os laços de identificação da comunidade, uma vez que nas objeções transparecem má-fé e criação instrumental de oposições.

A crítica destitutiva[15] – ou seja, aquela cuja resposta só pode ser a exclusão da participação no debate científico – no fundo advoga a inexistência ou ilegitimidade da psicanálise entre os saberes instituídos. Incluem-se aqui as objeções sofridas pela psicanálise desde o caso Julius Wagner-Jauregg, psiquiatra vienense contemporâneo de Freud que desqualificava as descobertas

---

14 Waldir Beividas, "Pesquisa e transferência em psicanálise: lugar sem excessos". *Psicologia: Reflexão e Crítica*, v. 12, n. 3, 1999.

15 C. I. L. Dunker, "Nove erros básicos de quem quer fazer uma crítica à psicanálise". *Psicologia Portugal*, 2020.

psicanalíticas a ponto de atrasar de propósito a instalação das primeiras clínicas públicas de psicanálise, prejudicando diretamente o desenvolvimento do sistema de saúde naquele país.[16] Ironicamente ele defendia práticas como a inoculação do vetor da malária nos pacientes para tratar a psicose pela indução de estados febris. Ou seja, o tipo do exemplo que, se exagerado e bem aproveitado, poderia levar a uma fake news crítica da psiquiatria.

Tais críticas destitutivas seriam apenas mais um dos capítulos da resistência cultural à psicanálise, que nunca se quis subordinada ao Estado. Elas alimentaram a proibição da psicanálise na União Soviética de Stálin e a perseguição aos psicanalistas em todos os sistemas totalitários até o presente.

Quando se trata de legislar sobre a formação de psicanalistas, justificar por que a psicanálise deve ser excluída das políticas públicas de saúde mental ou invalidar sua crítica cultural – seja por sua teoria da sexualidade, pelo desejo inconsciente ou pela desconstrução da moralidade civilizada –, a crítica destitutiva costuma incorrer em erros mais ou menos conhecidos que se repetem ao longo da história. Menos do que repudiar essa abordagem, que parece imune ao debate da razão, este livro propõe examinar os equívocos básicos desse procedimento, como forma de estimular uma verdadeira crítica transformativa da psicanálise.

Algumas crenças têm contribuído para manter psicanalistas em estado letárgico em relação a críticas, que seriam desde então recebidas como "resistenciais". Em outras palavras, a resposta de Freud aos críticos de sua época nem sempre pode ser replicada sem ajustes em nossos dias, pois a psicanálise, ao longo de seus mais de cem anos, mudou sua inscrição discursiva na cultura, embora em alguns casos, como salientado acima, uma leitura atenta pouparia nossos adversários de argumentações ociosas ou

---

16 Elizabeth Ann Danto, *As clínicas públicas de psicanálise*. São Paulo: Perspectiva, 2019.

até mesmo forneceria elementos para críticas mais sofisticadas e precisas.

Há também o problema de reconhecer que, nesse ínterim, a psicanálise passou a integrar departamentos de pesquisa e fazer parte das universidades em boa parte do mundo, ainda que de forma lateral ou periférica. Isso a tornou diversificada, ramificada, cheia de variações culturais e epistêmicas, o que leva alguns a duvidar até mesmo de sua unidade. Nesse mesmo arco histórico, a psicanálise inspirou, influenciou ou teve suas descobertas redescritas ou reapropriadas por inúmeros programas clínicos de diferentes modalidades psicoterapêuticas, do cognitivismo às psicoterapias psicodinâmicas, tornando a crítica à psicanálise uma crítica difusa e indeterminada às psicoterapias em geral.

2. Corvos repousam nos braços do espantalho

3. Fake news na ciência?

A questão é, mesmo, de ciência?

Fake news no campo da divulgação científica podem ser definidas como notícias que abordam problemas de ciência com imperícia na apresentação dos fatos, imprudência quanto ao impacto sobre o público ou negligência na tradução da complexidade da matéria tratada. O contexto da pós-verdade[1] nem sempre é formado por enunciados individualmente falsos e contrariáveis com a experiência via um sistema de checagem. Muitas vezes afirmações verdadeiras ou plausíveis conduzem a conclusões falsas ou mal-intencionadas. Nosso momento pede urgentemente mais e melhor divulgação científica, mas isso não será obtido tomando-se a ciência como a única forma de conhecimento válida, útil e pertinente, ou misturando-se noções restritas de tecnologia, metodologia e teoria da ciência com marketing e moral. O desafio não é pequeno, porque a própria definição de ciência sofre severas flutuações, conforme consideramos sua história, os conceitos teóricos das diferentes disciplinas, os objetos específicos, os métodos de investigação, as práticas associadas ou as tecnologias derivadas.

Em vez de expor um conjunto de considerações sobre a ciência em geral, tentando homogeneizar critérios relativamente

---

1   C. I. L. Dunker, "Subjetividade em tempos de pós-verdade", in *Ética e pós-verdade*. São Paulo: Dublinense, 2017.

específicos de cada ciência, vamos discutir, primeiramente, um caso modelo de fake news produzido por divulgadores científicos em uma área sabidamente instável do ponto de vista não apenas epistemológico, mas até mesmo ontológico, ou seja, a psicologia. Trata-se de uma matéria publicada no site de divulgação científica *Questão de Ciência*, chamada "A psicanálise e o infindável ciclo pseudocientífico da confirmação",[2] cujo autor, Ronaldo Pilati, professor de psicologia social na UnB, tem uma carreira destacada nas ciências cognitivas, mas que, nesse caso, aventurou-se a tecer críticas contra a psicanálise, matéria sobre a qual não tem nenhum trabalho publicado. O texto consegue reunir tamanho número de falácias, imprecisões e equívocos que só pode ser tomado como paradigma do que deve ser evitado em divulgação científica. Isso se *Que bobagem!* não o tiver superado, inclusive em superficialidade.

Fake news de divulgação científica usualmente tipificam ou acusam alguém ou alguma área de estudos de estar "traindo a ciência" ou "se fazendo passar indevidamente por ela", agrupando conspirativamente inimigos e com isso criando um sentimento de que o leitor está sendo enganado por uma conspiração, como no infame artigo "A conspiração do inconsciente",[3] de Carlos Orsi. Outro bom exemplo encontra-se em "Os negacionistas que agora 'defendem a ciência'", o qual parte da premissa de que o negacionismo nas universidades divide-se em dois blocos:

(1) Correntes pós-modernas e decoloniais que se pautam em visões relativistas e pensamentos anticientíficos, visando à desconstrução da "ciência branca, positivista, dominadora e ocidentalizada".

---

2 Ronaldo Pilati, "A psicanálise e o infindável ciclo pseudocientífico da confirmação". *Revista Questão de Ciência*, jun. 2020.
3 Carlos Orsi, "A conspiração do inconsciente". *Revista Questão de Ciência*, jun. 2020.

Seus proponentes inspiram-se em autores como Michel Foucault (1926–84), Jacques Derrida (1930–2004) e Walter Mignolo. E (2) práticas e teorias pseudocientíficas que se vendem como sendo tão confiáveis quanto a ciência, mas que não são de fato baseadas em boas evidências. Aqui podemos citar como exemplo a psicanálise, tendo como seu fundador Sigmund Freud (1856–1939), e contando com o desenvolvimento de outros como Jacques Lacan (1901–81) e Melanie Klein (1882–1960).[4]

Segundo os autores, esses dois grupos estão mais próximos do discurso conservador antivacina e negacionista do que do discurso pró-ciência. "Fora disto, a venda de muitas cloroquinas e ivermectinas para a população continuará, só que em novas versões, com outros nomes e formas, para além da área médica".[5] Os jovens pesquisadores/propagandistas parecem atordoados diante do que lhes parece uma incongruência insuperável: "qual seria a razoabilidade de se posicionar contra os negacionistas em uma área externa, como a médica, mas aceitar aqueles que estão inseridos no seu próprio meio [a psicanálise]?".[6] Como se defender a ciência implicasse defender toda a ciência e apenas a ciência como forma de racionalidade possível. O argumento funciona assim: chego ao balcão de uma rede de *fast food* e peço um sanduíche. O atendente retruca: "Não vai querer a promoção? Por mais R$ 1,90, o senhor leva também a batata frita e o refrigerante". A questão é justamente essa. Podemos, sem nenhuma incongruência, querer apenas o sanduíche, mesmo que a promoção custe apenas um pouco mais caro, ou mesmo que o sanduíche custe um pouco mais barato (podemos querer evitar desperdício,

---

4 Vitor Douglas de Andrade e Clarice Chaves Ferreira, "Os negacionistas que agora 'defendem a ciência'". *Revista Questão de Ciência*, jun. 2021.
5 Ibid.
6 Ibid.

por exemplo, ou talvez não precisemos de tudo isso para matar a fome). A questão que deveria intrigar é outra: por que não apenas o Conselho Federal de Psicologia (CFP), mas também todas as principais sociedades e escolas de psicanálise engajaram-se ativamente em prol da ciência e da democracia nos últimos anos, ao passo que entidades que representam os médicos (supostamente mais próximos da ciência) não o fizeram? O que está em jogo é, realmente, "questão de ciência"?

Fake news tendem a denunciar autoridades constituídas e instilar um sentimento de que estamos sendo enganados. Afinal essa é a maneira mais simples de começar a enganar o outro, ou seja, praticando a verdade que está por vir. Isso acontece no caso do artigo de Ronaldo Pilati sobre a psicanálise. Depois de referir-se à sua forte representação social na mídia, no imaginário popular e no senso comum, ele declara: "Não se confunda: o aspecto mais importante que a Psicologia partilha com a psicanálise é a história".[7] Observemos o uso desigual da letra maiúscula para *Psicologia*, minúscula para *psicanálise*. Observemos a ideia de que a psicanálise seria algo do passado e histórico. Retenhamos a ideia tácita de que a história da ciência não participa da definição de um saber como científico. Permanece sugerido que a psicanálise seria um saber ultrapassado, antigo e anacrônico.

Mas o que dizer então dos perigos de uma ciência sem memória, que pode mudar seus consensos a cada momento e, ignorando o debate, só retém o último capítulo como verdadeiro? Ora, é exatamente assim que funciona o argumento cuja enunciação evoca denúncia e perigo. Mas não é certo também que aquele que quer nos enganar começa dizendo que estamos sendo enganados?

A afirmação é objetivamente falsa. A maior parte dos cursos de psicologia no Brasil compreende muitas disciplinas de psi-

---

7 R. Pilati, op. cit.

canálise,[8] quer nos cursos de graduação,[9] quer nos manuais introdutórios mais lidos,[10] quer na pós-graduação. Há vários grupos de pesquisa ligados à psicanálise admitidos pela Associação Nacional de Pós-graduação em Psicologia (Anpep). Mas isso são testemunhos institucionais; na verdade, a tese subjacente é que todos eles têm uma autoridade indevida. O mais grave nesse caso é que o autor era presidente da Sociedade Brasileira de Psicologia (2020–2021), portanto deveria representar todos os psicólogos, inclusive os psicanalistas que frequentam essa sociedade, e não apenas os que seguem sua abordagem. Afirmar, pejorativamente, que a psicanálise é uma pseudociência abusa desse poder representativo.

Depois de denunciar as fake news científicas, vêm as perguntas simplificadoras: "A psicanálise é uma ciência?". Ignorando a grande variedade de acepções do que significa "psicanálise" e "ciência", fixando-a aos escritos de Freud, como se a pesquisa psicanalítica não tivesse avançado desde então, desfazendo a hipótese de que ela poderia ser não uma, mas várias ciências combinadas, e passando ao leitor a desinformação de que a psicanálise é tanto um método de tratamento clínico como um método de pesquisa e uma teoria. Notemos que a pergunta sobre a cientificidade é diferente em cada caso, mas o autor não ajuda a torná-la mais complexa.

---

8   Miriam Debieux Rosa, "Psicanálise na universidade: considerações sobre o ensino de psicanálise nos cursos de psicologia". *Psicologia* USP, v. 12, n. 2, 2001.

9   Denise Maria Barreto Coutinho et al., "Ensino da psicanálise na universidade brasileira: retorno à proposta freudiana". *Arquivos Brasileiros de Psicologia*, v. 65, n. 1, 2013.

10   Ana Maria Jacó-Vilela, Arthur Arruda Leal Ferreira e Francisco Teixeira Portugal, *História da psicologia: rumos e percursos*. Rio de Janeiro: Nau, 2005.

Na verdade, nunca teríamos feito essa pergunta se alguém não tivesse levantado a suspeita. Afinal, quando foi que nos perguntamos se o nosso médico é "científico" ou não? Quando foi que nos inquietamos se nosso fonoaudiólogo, nosso nutricionista ou mesmo o professor dos nossos filhos é "científico" ou não? Em geral, confiamos em alguém que se dedicou a uma formação específica, passando por uma universidade ou por qualificações práticas. Perguntas simplificadoras rebaixam nosso nível de exigência cognitiva, assim como elevam nossa desconfiança. Afinal, como podemos provar que o ser humano realmente pisou na Lua? Quais são as reais provas de que está havendo um derretimento das calotas polares? Como disse o divulgador científico Atila Iamarino, a crença na ciência não aumenta com a validação racional das evidências, mas com uma mudança cultural que estabeleça mais e melhores posturas críticas.[11]

Fake news movem-se em torno da produção de inimigos, denúncias e conspirações. Por isso é importante prestar atenção à parcimônia com a qual se caracterizam posições oponentes. A estratégia da falsa divulgação científica força a caricaturização do oponente, formando um retrato com traços indesejáveis e fixando uma imagem representativa: "Aquilo que se sabia na época em que Freud postulou as bases do modelo psicodinâmico [...] é muito diferente do que sabemos hoje".[12] Como se nenhuma das ideias da psicanálise tivesse sido aproveitada ou corroborada pelas modernas neurociências, ignorando-se, por exemplo, o trabalho recente de Sidarta Ribeiro sobre os sonhos e a diagnóstica da esquizofrenia[13] – mais grave, elevando-se uma ciência

---

11 Atila Iamarino, "O que leva alguém a não usar máscara contra a Covid-19?". *Folha de S. Paulo*, 29 jun. 2020.

12 R. Pilati, op. cit.

13 Sidarta Ribeiro, *O oráculo da noite*. São Paulo: Companhia das Letras, 2019.

a critério de validade de outra. Mal comparando, é como se a engenharia pudesse fornecer o critério de validade da arquitetura ou a econometria pudesse guiar sozinha a política econômica.

Com isso, resta-nos recusar e excluir a psicanálise do debate científico e das práticas psicoterápicas. Isso não contribui para que ela apure seus próprios critérios de cientificidade, esclareça pontos de obscuridade em seus conceitos ou critique seus procedimentos clínicos. A solução se dá por eliminação do oponente. Pilati ignora soberbamente um século de pesquisas psicanalíticas, invalida autores que renovaram suas concepções. Como se a psicanálise não tivesse buscado apoio na psicologia do desenvolvimento, na antropologia, nas ciências da linguagem, nas matemáticas e, mais recentemente, nas neurociências. Como se a psicanálise não tivesse se interconectado, para o bem e para o mal, com inúmeras teorias psicológicas, até mesmo cognitivistas e comportamentalistas, como parece ser a adesão do autor. O retrato sugerido por frases como "Talvez o maior problema do movimento psicanalítico seja o autoalijamento do pensamento científico"[14] desconhece a vasta bibliografia sobre epistemologia da psicanálise. A afirmação de que a psicanálise é uma pseudociência como "a homeopatia, cromoterapia e as tantas outras práticas [...] complementares ou integrativas"[15] opera por desqualificação e agrupamento de preconceitos. As revistas, os congressos, as teses, as associações de psicanálise seriam "apenas" imitações da verdadeira ciência. Mais uma vez o espantalho criado para retratar a psicanálise ajusta-se perfeitamente ao texto que a denuncia, como costuma ocorrer com a falsa divulgação científica.

É possível que muitos elementos da psicanálise e boa parte de suas estratégias de fundamentação provenham da filosofia,

---

14 R. Pilati, op. cit.
15 Ibid.

da antropologia, da psicologia do desenvolvimento, da etologia e das ciências da linguagem, áreas nas quais o método experimental, tomado como ponto de unidade da ciência, exige muitas restrições para ser aplicado com propriedade. Mas também é possível que exista uma boa parcela de monocultura científica e estratégias de rebaixamento de saberes que advogam outras estratégias de justificação e, no caso da psicanálise, baseadas no uso público da razão.

Talvez a psicanálise, assim como outras formas de psicoterapia, exista porque certos paradoxos e incertezas se tornam ainda mais difíceis de suportar à luz de um mundo organizado pelo discurso da ciência, não apenas como fonte de conhecimento sobre a natureza mas também como racionalidade majoritária e exclusiva para o processo de tomada de decisão, escolhas morais, éticas ou políticas. A peculiaridade metodológica da psicanálise de se interessar por sujeitos singulares, sem reduzi-los a sujeitos-tipos, condições diagnósticas estáveis ou padrões de resposta generalizáveis, incomoda. Esse incômodo – seria melhor dizer esse "mal-estar"? – é especialmente sensível naqueles que esperam da ciência um substituto do catecismo abandonado, os mesmos que professam o mito da razão única e sua versão operacional e metodológica. Para estes, a singularidade epistemológica da psicanálise é sentida como ofensa à sua soberania. Não à toa, assentam-se confortavelmente no tribunal da razão.

Mas disso não decorre que a psicanálise não se esforce para justificar seus conceitos e procedimentos de forma pública, em linguagem crítica e laica, debatendo com instituições reguladoras, em acordo com os princípios da razão suficiente, no quadro de uma ética emancipatória. Afinal, são dessas propriedades, inerentes ao modo como a ciência é feita, que ela extrai sua autoridade sobre nós. Essa autoridade, contudo, compartilha muito pouco com a versão punitiva e securitária invocada por Pilati: "A população deve ser informada de que, quando alguém opta por uma

3. Fake news na ciência?

psicoterapia com essas características, a opção feita é por algo que não tem evidências de efetividade a apresentar".[16] Corre por conta e risco do usuário, porque a ciência não garante.

Ora, a falta de evidências não constitui em caso nenhum a mesma coisa que existência de evidências negativas ou evidências de prejuízo. Portanto o argumento apoia-se em uma retórica da insegurança pela qual as pessoas devem ser advertidas por uma instância securitária, que certos cientistas expandem para abranger a eliminação de saberes concorrentes. Psicoterapias de base existencialista ou fenomenológica dificilmente poderiam obter credenciais científicas ou apoiar-se em evidências do tipo daquelas requeridas acima. Isso as torna perigosas?

Anos atrás, a maior sociedade científica de psicologia dos Estados Unidos refez os dez principais estudos experimentais de sua área e, para escândalo geral, mais da metade deles[17] não resistiu ao critério da replicabilidade,[18] ou seja, usando-se os mesmos métodos e variáveis, os resultados eram diferentes.[19] Isso significa que a psicologia experimental não é ciência? "Ela" está enganando a todos e superestimando sua autoridade? As terapias que decorrem dessa perspectiva são uma ofensa à saúde das populações? Suspeitamos que não.

---

16 Ibid.

17 Monya Baker, "Over Half of Psychology Studies Fail Reproducibility Test". *Nature*, 27 ago. 2015.

18 Mark Van Vugt, "Can We Trust Psychological Studies?". *Psychology Today*, 28 ago. 2015.

19 Kevin Loria, "2 Simple Charts Show Everything That's Wrong with Psychology Studies". *Insider*, 30 ago. 2015.

4. Divulgação científica ou controvérsia inconsequente?

O plano no qual a crítica da psicanálise enquanto ciência parece mais ativa, recorrente e importante é a divulgação científica. Muitas matérias, em veículos de grande circulação, têm questionado a psicanálise como prática eficiente, como saber científico e como método de valor. Quando visto mais de perto, o extenso conjunto dessas matérias, que há trinta anos são republicadas, mostra a repetição monótona dos mesmos argumentos e até dos mesmos autores. O fenômeno poderia ser entendido no quadro de emergência de um novo discurso neurobiológico, que precisava tirar da frente os métodos até então consagrados de cura pela palavra. Mas, a nosso ver, ele se presta a ser um bom guia de discussão para reposicionar a questão da psicanálise como ciência e sua transformação ao longo do tempo.

Isso se deve, em boa medida, à inabilidade crônica dos psicanalistas para expor ideias em espaço público e abrir-se ao debate científico, ou justificar-se com um vocabulário ou argumentação dotados de externalidade. Isso emana do antigo argumento de que a psicanálise não deve se comportar nem se coordenar pelas massas, que ela é um bem precioso para uma elite bem formada. Mais uma vez são nossos próprios preconceitos que trabalham e depõem contra nossa cientificidade, não a matéria mesma que está em questão. Nós nos opomos à retórica da novidade, à ideologia dos resultados, às aquietações institucionais. Nós nos indispomos com o senso comum da pressa e da conformidade, não queremos pactuar com a racionalidade instrumental e, principalmente, com as normativas dominantes. Reencontramos aqui nosso lugar de anomalia e resistência cultural. Mas, para fazer isso, não precisamos nos segregar da ciência.

Retomemos o caso modelo de divulgação científica antipsicanalítica acima referido. Além de reduzir a pluralidade de abordagens e escolas psicanalíticas à ficção monolítica de uma psicanálise total, a insistência do autor em criticar principalmente uma certa leitura de Freud, aliás bastante estreita e incorreta, como equivalente da psicanálise em geral produz uma falsa sensação de unificação entre as acepções clínica, investigativa e teórica da psicanálise. Além disso, desinforma o leitor de que a psicanálise é tanto um método de tratamento clínico quanto um método de pesquisa e uma teoria (a pergunta sobre a cientificidade é diferente de cada ângulo). Unificar esses registros seria o mesmo que identificar neurociências, terapias cognitivo-comportamentais e metodologia experimental.

Em geral, confiamos em uma prática quando ela requer uma formação específica, controlada pelo Estado, passando por uma universidade ou por qualificações adquiridas e sancionadas por corporações profissionais. Aqui se destaca o fato notável de que a psicanálise continua sendo uma instância de formação baseada em organizações civis, ou seja, escolas, associações e institutos que se recusam a integrar-se ao sistema de controle do Estado e, assim, subscrevem-se no campo da saúde, uma vez que boa parte de seus praticantes se qualificam como psicoterapeutas, egressos de cursos de psicologia, medicina e áreas afins.

Recuando aos antecedentes da psicanálise, vemos que a suspeita sobre a eficácia das estratégias de cura pela palavra remonta à passagem das curas mágico-religiosas para a construção da medicina científica nos séculos XVIII e XIX. O hipnotismo, as psicoterapias por influência e sugestão, as técnicas de cura pela eletricidade, pela água, pela educação motora sempre foram objeto de preocupação. Em 1781, o rei Luís XVI da França nomeou a comissão mista da Academia Real de Ciências e da Sociedade Real de Medicina para investigar as curas realizadas por Franz Anton Mesmer por meio do que ele chamava de magnetismo animal, uma força baseada na energia circulante entre seres vivos. A comissão formada por cientistas como Antoine-Laurent de Lavoisier, Benjamin Franklin, Joseph-Ignace Guillotin, Jean Bailly e Antoine Laurent de Jussieu terminou com a impressão de 20 mil volumes que repudiavam a cientificidade dos conceitos de Mesmer e obrigava seus partidários a abjurar a existência das curas e da crença no magnetismo animal. Um olhar atento sobre os autos do processo mostra que Jussieu e tantos outros confirmavam o valor terapêutico da técnica, não obstante descartassem sua explicação teórica.[1] Vemos assim que a discussão sobre a cientificidade da cura pela palavra divide-se, desde sua origem, em sua dimensão terapêutica e teórica, reunida pelo campo da clínica e pela intercessão do Estado e pela força de lei, consoante seus interesses.

De forma sintética, a pergunta sobre a cientificidade da psicanálise é menos ociosa, interessada ou reativa do que parece. Transformações no interior da psicanálise ocorreram, ao longo de sua história, conforme a disciplina científica se firmasse como um ideal ou um contraideal. O desvio regrado na tradução imposta por James Strachey, a absorção psiquiátrica da psicanálise pela psiquiatria norte-americana a partir de Adolf Meyer, o programa da Escola Psicossomática de Chicago são exemplos históricos desses "ajustes" praticados no interior da psicanálise em nome de seu passaporte de entrada na ciência. Isso segue a sugestão freudiana de que a psicanálise não é uma visão de mundo, porque ela assume e se inclui na visão de mundo proposta pela ciência.

---

1   León Chertok e Isabelle Stengers, *O coração e a razão*, trad. Vera Ribeiro. Rio de Janeiro: Zahar, 1989, p. 50.

4. Divulgação científica ou controvérsia inconsequente?

A psicanálise não é capaz, penso eu, de criar uma visão de mundo que lhe seja própria. Ela não necessita de uma, é parte da ciência e pode se filiar à visão de mundo científica. Mas dificilmente esta mereceria um nome assim grandioso, pois não contempla tudo, é demasiado incompleta, não reivindica ser totalmente coesa e constituir um sistema.[2]

Chamo a atenção para a segunda parte da proposição. A psicanálise é uma ciência, *desde que não se entenda a ciência como um sistema completo*. Ou seja, o critério de cientificidade é um critério que resiste ao tempo; não é o acúmulo triunfal de saber, mas, ao contrário, a capacidade de errar, de reinterpretar e criar problemas. Esta é a diferença entre ciência e metafísica: a ciência se equivoca e é capaz de reconhecer isso.

Portanto, quando alguém diz, acerca do tratamento do autismo, que a psicanálise culpabilizou os pais, e em particular a "mãe geladeira", é preciso dizer que sim, mas a expressão se encontra nos artigos seminais de Leo Kanner, que era psiquiatra, e não psicanalista. Há mudanças severas na concepção de tratamento desde Freud, e isso não é um traço de anacronismo, mas de mudança da psicanálise. A psiquiatria da década de 1930 amarrava as crianças à cadeira, assim como algumas "modernas técnicas educativas" de crianças autistas. Nos anos 1950, as crianças eram trancadas em quartos escuros à guisa de recompensa e punição. Nos anos 1920, médicos injetavam malária nos pacientes psicóticos para que eles se acalmassem. Isso não significa que a psiquiatria seja indiferente à ciência.

Uma das particularidades epistemológicas da psicanálise é, como já dissemos, seu interesse irrestrito em sujeitos singulares, e não apenas em sujeitos-tipos. A isso se combina sua inserção

---

2 S. Freud, *Novas conferências introdutórias à psicanálise (1916–1917)*, in *Obras completas*, v. 18, trad. Paulo César de Souza. São Paulo: Companhia das Letras, 2010, p. 354.

admitida num sistema inerentemente incompleto. Nada disso, contudo, configura-se como recusa ou negação da ciência ou de seus princípios gerais – como se os conceitos psicanalíticos não fossem submetidos a críticas e revisões sistemáticas ou os casos clínicos não fossem objeto de aprofundadas discussões científicas que resultam, de tempos em tempos, em revisões conceituais. A psicanálise inventou estratégias próprias – tais como as construções de casos clínicos e as sessões, supervisões e conversações clínicas – em que o analista é convocado a debater sua prática.

Mas sempre se poderá argumentar que a mudança aconteceu por conveniência, preguiça ou forças externas. Dito de outro modo, segundo revisionistas, as mudanças teóricas na psicanálise não teriam ocorrido por meio da descoberta científica de que seus pressupostos seriam falsos ou da obtenção de evidências de que eles exigem adequações teóricas: elas teriam ocorrido por meio de forças não epistêmicas, como a tendência a se adequar à visão cultural da época.

Mas qualquer comentador, e por isso há tantos, permite entender como Freud reviu e alterou seus pontos de vista sistematicamente ao longo de sua obra, trazendo razões, motivos e causas para isso. Passou do que chamamos de primeira para a segunda tópica, mudou a teoria do trauma, alterou a noção de angústia, reformulou a teoria pulsional mais de uma vez, abriu ou relativizou princípios fundamentais, introduziu e abandonou conceitos. Mas nada disso teria ocorrido, segundo nossos adversários, por razões epistêmicas ou clínicas. Ao contrário, a versão revisionista alega que a "psicanálise corrigiu seus pressupostos teóricos e clínicos não com base em boas/novas evidências científicas, mas sim apenas por pressões culturais (tome como exemplo a inveja do pênis ou o status patológico da homossexualidade)".[3]

---

3   Frank Cioffi, *Freud and the Question of Pseudoscience*. Chicago: Open Court, 1998.

4. Divulgação científica ou controvérsia inconsequente?

5. A postulação da psicanálise como ciência em Freud

A noção de evidência procede de duas fontes distintas. Para a tradição racionalista de René Descartes, evidência é o ponto no qual um saber conecta a certeza, como realidade psicológica do sujeito, à verdade objetiva, extrassubjetiva, em direção à universalidade da razão. Já para David Hume e a tradição cética, a evidência sempre comporta algum grau de incerteza, já que, em vez da certeza, somos condenados a um mundo de crenças.[1] Na herança de Descartes e Hume, o legado de Immanuel Kant estabelece a perspectiva da ciência moderna como ciência dos

---

1 "Evidência é o resultado superior de experiências e observações de uma das possibilidades (por isso que ele diz que a probabilidade é uma evidência ainda incerta). Os milhares de cisnes brancos observados, por exemplo, em contraste com os ínfimos cisnes pretos, tornam a crença de que o próximo cisne também será branco muito mais certa do que a crença na probabilidade de um cisne de outra cor. Isso acontece porque confrontamos as experiências contrárias e subtraímos os casos observados menores dos maiores a fim de conhecer a força exata da evidência superior" (cf. David Hume, *Investigação acerca do entendimento humano*. São Paulo: Nova Cultura 1999, p. 112). É por isso que Hume diz: "um homem sábio torna sua crença proporcional à evidência" (*Tratado da natureza humana*. São Paulo: Ed. Unesp, 2009, p. 111), isto é, ele se guia sempre pelas experiências mais constantes, uniformes e firmes" (Rubens Sotero dos Santos, *A epistemologia de David Hume: uma investigação acerca da legitimidade da crença*. Dissertação de mestrado. João Pessoa: Centro de Ciências Humanas, Letras e Artes – Universidade Federal da Paraíba (UFPB), 2015, pp. 85–86.)

fenômenos, separando-a da atividade filosófica de crítica dos fundamentos da razão e da sensibilidade.

Fisicalismo, associacionismo e naturalismo – seja em sua vertente vitalista ou evolucionista – são estratégias de fundamentação que podemos encontrar na epistemologia algo kantiana de Freud. Tal concepção é matizada por alguns acréscimos vitalistas, provenientes do romantismo alemão, bem como pelo fisicalismo que impregna sua formação inicial como neurólogo. Também já se assinalou nele a presença do associacionismo inglês e de traços positivistas. De forma coerente com essas heranças kantianas, Freud postula a psicanálise como uma ciência natural (*Naturwissenschaft*). Em acordo com esse quadro, ele argumenta que seus conceitos fundamentais (*Grundbegriffe*) podem ser fenomenalizados e transformados pela verificação empírica, como se declara no conhecido parágrafo inicial de *As pulsões e seus destinos*:[2] 1) a ciência (*Wissenschaft*) começa pela descrição (*Beschreibung*), pelo agrupamento, pela ordenação de fenômenos e suas correlações; 2) na própria descrição é inevitável que algumas ideias abstratas recolhidas em outras fontes se infiltrem no material; 3) essas ideias iniciais tornam-se conceitos fundamentais (*Grundbegriffe*) ao se confrontarem contínua e dialeticamente com o "material experiencial"; 4) tais ideias contêm "um certo grau de indeterminação", enquanto são remetidas "continuamente ao material experiencial"; 5) elas são convenções que subordinam "o material experiencial"; 6) elas não são convenções arbitrárias, mas determinadas pela significância de suas relações com o material empírico (*empirische Stoffe*). Vejamos como o próprio Freud descreve esse processo em 1915:

---

2   S. Freud, *As pulsões e seus destinos* [1915], trad. Pedro Heliodoro Tavares. Col. Obras Incompletas de Sigmund Freud. Belo Horizonte: Autêntica, 2013, pp. 15–17.

Tais ideias – os futuros conceitos fundamentais da ciência – tornam-se ainda mais indispensáveis na elaboração posterior da matéria. No princípio, elas devem manter certo grau de indeterminação; não se pode contar aí com uma clara delimitação de seus conteúdos. Enquanto se encontram nesse estado, chegamos a um entendimento quanto ao seu significado, remetendo-nos continuamente ao material experiencial, do qual parecem ter sido extraídas, mas que, na verdade, lhes é subordinado. Portanto, elas têm a rigor o caráter de convenções, embora seja o caso de dizer que não são escolhidas de modo arbitrário, mas, sim, determinadas por significativas relações com o material empírico, relações essas que imaginamos poder adivinhar *antes* mesmo que as possamos reconhecer e demonstrar. *Apenas após* uma exaustiva investigação do campo de fenômenos que estamos abordando, podem-se apreender de forma mais precisa seus conceitos científicos fundamentais e progressivamente modificá-los, de modo que eles se tornem utilizáveis em larga medida e *livres de contradição*. Então, é possível ter chegado o momento de defini-los. O *progresso do conhecimento*, entretanto, não tolera nenhuma rigidez nas definições. Como nos ensina de modo brilhante o exemplo da Física, também os "conceitos fundamentais" firmemente estabelecidos passam por uma constante modificação de conteúdo.[3]

Um exame mais atento da prática de investigação psicanalítica mostra que Freud encontra dificuldades para responder a tais exigências em três âmbitos distintos. Seu *objeto* (o inconsciente) é definido a partir de qualidades refratárias à sua fenomenalização: atemporalidade, ausência de contradição e imunidade à negação. Seu *método* (a transferência) é definido por parâmetros refratários à universalização impessoal e repetição controlada. Sua *metapsicologia* contém críticas, revisões e usos contrain-

---

3   Ibid., p. 113; grifos nossos.

tuitivos das principais categorias que definem o entendimento e o uso da razão (causalidade, qualidade, quantidade e relação, por exemplo).

Podemos comparar as exigências que Freud apresentava aos psicanalistas quanto à construção de conceitos com o que foi proposto por Ludwik Fleck em *Gênese e desenvolvimento de um fato científico* – marco na pesquisa médica e científica, publicado em 1935, vinte anos depois do texto de Freud:

> Podemos definir o fato científico provisoriamente como uma relação de conceitos conforme o estilo de pensamento, relação que, embora possa ser investigada por meio dos pontos de vista histórico e da psicologia individual e coletiva, nunca poderá ser simplesmente construída, em sua totalidade, por meio desses pontos de vista.[4]

Ou seja, um fato científico não é uma observação por si, mas conceitos e relações que condicionam a observação, segundo certos agrupamentos e ordenações. Tais reações especificam qual observação é relevante e qual não é, orientando a pesquisa empírica:

> Na placa de ágar apareceram hoje cem colônias maiores, amareladas e transparentes, e duas menores, mais claras e menos transparentes, talvez pudesse valer como descrição da observação pura, sem pressupostos. Essa proposição, no entanto, contém muito mais que uma "observação pura", muito mais do que se pôde afirmar num primeiro momento com segurança: ela antecipa a diferença entre as colônias, que, mais tarde, somente mediante uma longa série de experimentos, pôde ser constatada.[5]

---

4 Ludwik Fleck, *Gênese e desenvolvimento de um fato científico* [1935], trad. Georg Otte e Mariana Camilo de Oliveira. Belo Horizonte: Fabrefactum, 2010, pp. 140, trad. modif.

5 Ibid., p. 141.

5. A postulação da psicanálise como ciência em Freud

Na prática, o sujeito do conhecimento não tem, num primeiro momento, consciência da natureza hipotética de sua afirmação: mesmo se a proposição acima não descrevesse uma "observação pura", ela poderia muito bem expressar uma "observação imediata", isto é, aquilo que se apresenta, sem qualquer problema, *a uma pessoa com conhecimentos prévios* ao olhar a placa de ágar. Certas ideias infiltram-se assim no próprio material observacional. O que faz Fleck dividir a observação em dois tipos: 1) *como olhar inicial pouco claro* e 2) *como percepção da forma desenvolvida e imediata*. "Qualquer descoberta empírica, portanto, pode ser concebida como complemento, desenvolvimento e transformação do estilo de pensamento".[6]

Ou seja, a descoberta empírica envolve três etapas: 1) a percepção pouco clara e a inadequação da primeira observação; 2) a experiência irracional que forma novos conceitos e transforma o estilo; 3) a percepção da forma desenvolvida, reprodutível e conforme a um estilo.[7]

Portanto, as recomendações metodológicas de Freud estão de pleno acordo com o que se entendia por fato científico na época que a psicanálise se apresentou à comunidade científica. Isso não significa que novas e maiores exigências, formuladas posteriormente, devam ser ignoradas, mas que eventualmente a psicanálise possa se apresentar como compatível com a ciência da época em que foi formulada. Mais do que isso: Freud nos convoca a desconfiar de um empirismo vulgar. A ciência não começa com a descrição pura de fenômenos objetivamente dados. E isso por uma razão muito simples: porque não existem fenômenos puros, isentos de alguma estrutura ou algum elemento de natureza não empírica que possibilite a própria descrição. Freud emprega o termo mais genérico que consegue:

---

6 Ibid., p. 149.
7 Ibid., pp. 132–44, trad. modif.

são "ideias abstratas"[8] que parecem derivar do material empírico, mas que, na verdade, se antecipam à apreensão e impregnam a própria descrição do material. Tais ideias são oriundas *"de algum lugar"* (*irgendwoher*). Na verdade, importa pouco saber a fonte desta ou daquela ideia, elas podem provir de qualquer lugar. Um convencionalista, como Ernst Mach ou Henri Poincaré, diria que convenções são fruto do processo de aquisição de conhecimento da cultura. Pelo menos quanto a esse aspecto preciso, ao admitir o caráter "convencional" de alguns dos conceitos fundamentais da metapsicologia, Freud alinha-se claramente a uma epistemologia convencionalista.

Nesse momento inicial, o conteúdo dessas ideias abstratas é amplamente indeterminado. É justamente enquanto ainda têm esse grau de indeterminação que devem ser reiteradamente confrontadas com o material. Freud descreve um complexo jogo de vaivém entre ideias abstratas e fenômenos, no caso, o material da clínica psicanalítica, como sonhos, sintomas, atos falhos etc., cujo estatuto cabe ainda interrogar. Não raro, sublinha que tais ideias têm contornos amplos e são semanticamente abertas, isto é, aptas a serem transformadas pelo confronto com o material empírico. É necessário tolerar certo grau de indeterminação e

---

8   Freud é suficientemente genérico ao empregar o termo "ideias abstratas". É claro que a tentação do filósofo é a de equivaler tais "ideais abstratas" que não provêm do empírico, mas que se impõem a ele, a suas próprias convicções e predileções. Um filósofo platônico poderá ver o recurso aos *eidos*, à própria razão, a princípios metafísicos gerais; um kantiano enxergará nisso, sem nenhuma dificuldade, o recurso ao transcendental; um hegeliano discordará e reconhecerá o trabalho do negativo próprio à linguagem; um estruturalista verá a estrutura da linguagem ou do discurso; um foucaultiano certamente recorreria à episteme; alguém poderia ver algo como a *Aufbau*, e assim por diante. O que nos interessa aqui é outra coisa, a saber, o modo pelo qual o próprio cientista modela sua epistemologia em função do objeto de sua ciência.

5. A postulação da psicanálise como ciência em Freud   89

obscuridade para que a experiência possa surpreender o investigador e obrigá-lo a redefinir os contornos de suas ideias iniciais. Desse confronto permanente, desse trabalho de determinação recíproca entre o abstrato e o empírico, decorre o caráter convencional da significação (*Bedeutung*) que será atribuída aos futuros conceitos.

Até aqui, não custa lembrar, Freud está falando da relação entre ideias abstratas amplamente indeterminadas e material empírico: não se trata ainda de conceitos. A rigor, só podemos falar propriamente de conceitos após esse trabalho recíproco exaustivo pelo qual ideias indeterminadas são constantemente referidas e confrontadas com o material clínico. Apenas nesse momento caberia falar em conceitos, cujo estatuto convencional é reiterado. Só depois disso cabe ousar defini-los. Aliás, um dos traços marcantes do investigador Freud, que "denuncia a presença do escritor Freud na raiz de sua obra" é sua "tolerância à incerteza e à contradição própria aos fenômenos psíquicos".[9]

Vemos assim que as condições mais elementares para a fundamentação da ciência encontram na psicanálise um caso complexo. Pode-se objetar que isso revela apenas que Freud pudesse ser um mau epistemólogo de sua própria obra e que as razões que ele apresenta para filiar-se a uma determinada estratégia de fundamentação não excluem que a psicanálise seja fundamentada de outra maneira. De fato, encontramos aqui um primeiro divisor de águas na história da psicanálise entre aqueles que pretendem renovar a filiação psicanalítica às ciências naturais por acréscimos e redescrições de seus conceitos e aqueles para quem a psicanálise está sujeita a outro tipo de fundamentação e quiçá a outra localização epistemológica: como ciência do espírito, do homem ou do sentido. Ou mesmo pode-se objetar que as fronteiras disciplinares entre ciências naturais e ciências humanas sejam mais

---

9 André Carone, "O tempo presente", *Artefilosofia*, n. 7, 2009, pp. 128 e 123.

artificiais ou mais instáveis do que gostamos de acreditar. Até mesmo porque a própria distinção rígida entre natureza e cultura talvez não se sustente mais. Nesse caso, a epistemologia contemporânea teria a tarefa não de situar a psicanálise entre os saberes existentes, mas o contrário: o que a especificidade da psicanálise pode ensinar à epistemologia?

6. A postulação da psicanálise como ciência em Lacan

Bem ou malsucedido, Lacan tentou aproximar a psicanálise da ciência, mas por um caminho diferente do de Freud. Afirmações lacanianas tais como: "o sujeito sobre quem operamos em psicanálise só pode ser o sujeito da ciência",[1] "a psicanálise é a ciência da linguagem habitada pelo sujeito",[2] ou ainda, "a psicanálise visa introduzir o Nome-do-Pai na consideração científica",[3] parecem reforçar o caráter paradoxal das relações entre psicanálise e ciência.

No início, Lacan procurava uma teoria crítica da personalidade e uma forma de antipsicologia no método dialético e na ideia da ciência como *prática de um método*. Depois, junto com os surrealistas, ele ingressou no estudo dos efeitos psíquicos do conhecimento e de suas "afinidades paranoicas de qualquer conhecimento de objeto enquanto tal".[4] Depois, no contexto da sua antifilosofia, ele se perguntava se era possível haver uma

---

1 Jacques Lacan, "A ciência e a verdade" [1966], in *Escritos*, trad. Vera Ribeiro. Rio de Janeiro: Jorge Zahar, 1998.

2 Id., *O seminário*. Livro III: *As psicoses* [1955-1956]. Rio de Janeiro: Jorge Zahar, 1988, p. 276.

3 Id., "A ciência e a verdade", op. cit.

4 Id., *O seminário*. Livro III, op. cit., p. 50.

"ciência positiva da experiência de fala",[5] considerando que a "psicologia constitui-se como ciência quando a relatividade de seu objeto é por Freud postulada, ainda que restrita aos fatos do desejo".[6] Procurava relações de causalidade "identificáve[is] com o conceito de *imago*"[7] e não se incomodava com o estatuto metafórico de algumas ideias psicanalíticas.[8] Mas, para Lacan, a ciência era mais um programa do que um estatuto: "Se a psicanálise pode tornar-se uma ciência – pois ainda não o é – [...], devemos resgatar *o sentido* de sua experiência",[9] sentido esse que indica *orientar-se* no campo da linguagem, *ordenar-se* na função da fala.[10]

Atendo-se a esse programa, Lacan procurou recursos epistêmicos em diversos campos, nem sempre obviamente próximos da psicanálise. Ao contrário de Freud, que apostava na vinculação da psicanálise às ciências naturais, Lacan foi buscar modelos e teorias na cibernética, na teoria dos jogos e na topologia para pensar a cientificidade da psicanálise a partir de modelos lógicos. Mesmo que recusasse a estratégia freudiana de instalar a psicanálise no âmbito das ciências da natureza, pensava ser fiel ao espírito científico de Freud:

---

5 Id., *Agressividade em psicanálise*. Relatório teórico apresentado no XI Congresso dos Psicanalistas de Língua Francesa, Bruxelas, maio de 1948.

6 Id., "Para além do 'Princípio de realidade'" [1936], in *Escritos*, op. cit., p. 77.

7 Id., "Formulações sobre a causalidade psíquica" [1946], in *Escritos*, op. cit., p. 179.

8 Richard T. Simanke, "A letra e o sentido do 'retorno a Freud' de Lacan: a teoria como metáfora", in Vladimir Safatle (org.), *Um limite tenso: Lacan entre a filosofia e a psicanálise*. São Paulo, Ed. Unesp, 2003, pp. 277-303. Discutida também em Gilson Iannini, *Estilo e verdade em Jacques Lacan*. Belo Horizonte: Autêntica, 2004.

9 J. Lacan, "Função e campo da fala e da linguagem em psicanálise" [1953], in *Escritos*, op. cit., p. 268; grifo nosso.

10 Ibid., p. 247.

Insisto no fato de que Freud avançava numa pesquisa que não é marcada pelo mesmo estilo que as outras pesquisas científicas. O seu domínio é o da verdade do sujeito. A pesquisa da verdade não é inteiramente redutível à pesquisa objetiva, e mesmo objetivante, do método científico comum.[11]

Ele entendia também que a ciência não pode ser concebida sem sua história, pois "a ciência, se a examinarmos de perto, não tem memória",[12] e ressaltava que a aparição da psicanálise no interior das ciências não era um acaso. Afinal, o *desidero é o cogito* freudiano que representa "a questão do desejo que há por trás da ciência moderna", pois a "análise não é uma religião. Ela procede do mesmo estatuto que A ciência", embora um estatuto que implica "um mais além da ciência".[13] Seus textos são explicitamente propostos como "parte do debate das luzes"[14] e a práxis analítica "não implica outro sujeito senão o da ciência".[15]

Ao fim de seu ensino, ele não dá a tarefa por concluída, pois sua tentativa de escrever conceitos sob forma de matemas, estabilizando assim a língua conceitual da psicanálise, é *"uma tentativa de imitar a ciência.* [...] a ciência só pode começar *assim".*[16] Mas, afinal, "a psicanálise não é uma ciência, é uma prática":[17] "Freud estava convencido que ele fazia ciência; ele distingue soma/gér-

---

11 Id., *O seminário.* Livro I: *Os escritos técnicos de Freud* [1953-54], trad. Betty Milan. Rio de Janeiro: Zahar, 1983, p. 31.

12 Id., "A ciência e a verdade" [1965], in *Escritos*, op. cit., p. 884.

13 Id., *O seminário.* Livro XI: *Os quatro conceitos fundamentais da psicanálise* [1964], trad. M. D. Magno. Rio de Janeiro: Zahar, 1988, pp. 152 e 251.

14 Cf. quarta capa de J. Lacan, *Escritos*, op. cit.

15 Id., "A ciência e a verdade", op. cit., p. 878.

16 Id., "Conferência de 24 de novembro de 1975: Yale University", in *Lacan in North Armórica*, trad. e org. Frederico Denez e Gustavo Capobianco Volaco. Porto Alegre: Fi, [s.d.], p. 39; grifos nossos.

17 Id., Conferência no MIT [1975], pp 23, 53.

men, toma emprestado termos que têm seu valor na ciência. Mas o que ele fez é uma espécie de construção genial, uma prática e uma prática que funciona".[18]

Assim como Freud estava atento à epistemologia de sua época, Lacan parece ter em mente um processo da conquista da cientificidade semelhante ao que Michel Foucault[19] sintetizou em quatro momentos:

1. *Limiar de positividade*: momento primitivo em que uma dada prática discursiva realiza uma primeira individualização, ganhando autonomia temática na cultura, produzindo visibilidade sobre um dado fenômeno, objeto ou experiência. Aqui o saber se exprime como narrativização (construção de situações), negativização (formas de fracasso da representação) e ficcionalização (propedêutica da verdade).

2. *Limiar de epistemologização*: surgem modelos, críticas e práticas de verificação, normas que fornecem coerência e regularidade, que permitem inscrever esse saber em estratégias, disciplinas e formas sociais de torná-lo legítimo. Há consensos precários, convenções instáveis e estabilização gradual de conceitos.

3. *Limiar de cientificidade*: ultrapassa-se o nível das regras arqueológicas de formação de enunciados. Surgem critérios formais pelos quais as proposições se filiam a um dado campo, geralmente tornado disciplina. Surgem disputas em torno de critérios formais de legitimação do conhecimento, tais como verificação, refutabilidade, parcimônia (Popper), crítica dos paradigmas (Kuhn), consciência dos desvios e instabilidade dos critérios sociais e ideológicos de legitimação do conhecimento (Althusser).

---

18 Id., "Conferência de 24 de novembro de 1975: Yale University", in *Lacan in North Armerica*, op. cit., p. 52.
19 Michel Foucault, *A arqueologia do saber*, trad. Luiz Felipe Baeta Neves. Rio de Janeiro: Forense, 2013.

6. A postulação da psicanálise como ciência em Lacan

4. *Limiar de formalização*: quando se podem definir os axiomas e a estrutura das proposições que os legitimam. Apenas a matemática alcançou esse nível. Outros programas semelhantes devem dedicar-se à construção de léxicos fortes e análise dos nexos e dos modos de representação de conceitos, letras, modelos e esquemas.

Fica claro, dessa maneira, que a aproximação entre psicanálise e ciência em Lacan passa por um modelo que entende como ponto de corte de seu objeto a condição de fala dos seres humanos, suas trocas simbólicas, suas estruturas. Esse é o limiar de positivação dos fenômenos tratados pela psicanálise, e não a biologia ou saúde de sistemas vitais. Isso não significa que a linguagem não possa ser referida a processos cerebrais ou que mesmo suas patologias neurológicas não possam ser bem descritas, como a afasia, estudadas por Freud e por Lacan. Mas é preciso um trabalho de conexão metodológica capaz de distinguir, separar e aproximar os achados decorrentes de cada perspectiva. Ora, esse limiar de epistemologização não envolve apenas a produção de um objeto pelo método, mas sua estabilização conceitual em relação à ontologia de referência. Além disso, isso tampouco significa que nossas experiências contingentes, inclusive as experiências com a fala, não deixem traços e rastros não apenas psíquicos, mas também nas redes neurais.[20] Não há incompatibilidade material, idealismo do objeto ou salto ontológico entre uma e outra dimensão, mas o que se poderia chamar de emergência de novas propriedades, que se tornam irredutíveis ao sistema que as possibilitou.

Lacan postula que se a linguagem, com tudo o que ela compreende em termos de relações intersubjetivas e simbólicas, é o escopo da prática da psicanálise, então deveria ser ela também

---

20 François Ansermet e Pierre Magistretti, *À Chacun son Cerveau: plasticité neuronale et inconscient*. Paris: Odile Jacob, 2004.

o referente epistemológico. Os sintomas e suas reversibilidades, as transformações causadas pelo tratamento psicanalítico, seus efeitos adversos ou seus avanços devem ser considerados em relação a esse campo. Mas a novidade aqui é pensar a linguagem não como hermenêutica do significado ou como teoria da comunicação, e sim como estrutura lógica dotada de materialidade. Sua tentativa era de propor matemas que fixariam o uso de conceitos, que por sua vez traduziriam narrativas clínicas e um sistema de escrita formal coerente com esse programa. A recorrência a modelos formais e a descrições lógicas ou matemáticas de processos psíquicos refere-se ao fato de que tanto a lógica quanto os sistemas formais de escrita são modos de uso da linguagem. E que a maneira como falamos de nosso sofrimento e de nossas vidas tem efeitos na própria disposição de nossas redes, tanto em nível de descrições em terminologia psíquica como em nível neuronal. "[...] Se a psicanálise pode tornar-se uma ciência – porque ainda não o é – devemos reencontrar o sentido de sua experiência, sentido este que indica orientar-se no campo da linguagem, ordenar-se na função da fala."[21]

Nos anos 1930, quando a etologia alemã se desenvolveu fortemente ao comparar a determinação ontogenética e filogenética dos comportamentos entre homens e animais, Lacan propôs seu modelo óptico da formação do eu.[22] Esse movimento contém o embrião de sua estratégia epistemológica, baseada na construção de modelos e na dedução de esquemas de relações, mais do que na indução de regularidades de comportamento.

Nos anos 1940, quando a filosofia da ciência discute se seria possível encontrar uma expressão lógica para a dialética hege-

---

21 J. Lacan, "Função e campo da fala e da linguagem em psicanálise" [1953], in *Escritos*, op. cit., p. 268.
22 Id., "O estádio do espelho como formador da função do Eu [Je] tal como se nos revela a experiência psicanalítica", in *Escritos*, op. cit.

6. A postulação da psicanálise como ciência em Lacan

liana, ou seja, para o pensamento capaz de lidar com contradições, Lacan propõe a noção de tempo lógico,[23] baseado em um conjunto de suposições sobre a função do sujeito em relação ao outro.

Nos anos 1950, quando começam os experimentos com cibernética e desenvolve-se a teoria dos jogos, com John von Neumann, Lacan tenta aproximar a teorização desses autores com a teorização dos conceitos e noções psicanalíticos, notadamente pela convergência com a noção de autonomia significante.[24] Sua apropriação das noções de significante e significado derivam do entendimento de que a linguística e a antropologia estrutural haviam alcançado o estatuto de cientificidade esperado pelas ciências humanas.[25]

Nos anos 1960, quando a lógica e a matemática galgam novos avanços em termos da topologia e da formalização das linguagens naturais, seu programa incorpora esses achados não como alegorias e ilustrações, mas como método para redefinição de conceitos e de relações empíricas expressas pela linguagem, e de modo análogo ao programa de Gottlob Frege para a relação entre lógica e matemática.

Ainda que Lacan tenha declarado, no fim das contas, a insuficiência de seus esforços, seu trajeto situa-se claramente mais além da ideia de descrever fenômenos de forma positiva, situando-se entre o limiar de epistemologização, ou seja, de definição sobre qual tipo de ciência é a psicanálise, e o limiar de cientificidade. A ultrapassagem desse limiar teria sido possível apenas se seu ambicioso projeto de formalização tivesse encontrado uma

---

23 Id., "O tempo lógico e a asserção da certeza antecipada: um novo sofisma", in *Escritos*, op. cit.

24 Id., *O seminário*. Livro II: *O Eu na teoria de Freud e na prática da psicanálise* [1955-56], trad. Marie Penot. Rio de Janeiro: Jorge Zahar, 1988.

25 Id., "A instância da letra no inconsciente ou a razão desde Freud", in *Escritos*, op. cit.

estabilização e um retorno ao nível do limiar de positivização, o que não se verificou na tradição que se seguiu.

Há autores que advogam que o modelo de ciência adotado por Lacan seria "clássico", ou seja, baseado na reinterpretação dos estudos de Galileu Galilei e Johannes Kepler, não apenas como experimentação hipotético-dedutiva mas também como "língua bem-feita", capaz de escrever matematicamente os fenômenos da natureza.[26] Outros enfatizam que ela é mais de uma ciência, ou até mesmo uma contraciência, no sentido de que recolhe e tematiza o que a ciência teve de excluir para se constituir enquanto ciência moderna – o sujeito em sua divisão, a verdade como fator ético, a disjunção entre saber e verdade, o conhecimento narrativo.

Vê-se assim que a roupagem da pseudociência não se aplica de nenhuma maneira a um programa que de ponta a ponta procura e declara sua preocupação em "tornar-se" uma ciência, importando conceitos e modelos de campos conexos ou até mesmo ambicionando interrogar que tipo de impacto a psicanálise teria para a própria definição de ciência.

Vê-se também que Lacan também não dava as costas à ciência, nem se imaginava em um estatuto epistemológico completamente outro, ou simplesmente criava para si seus próprios critérios. Ele também não advogava, para defender suas teses, a existência ou a pressuposição de nada além da linguagem e de sua materialidade. Sua importação de ideias, conceitos e métodos de outras áreas nada tem de encobridor ou fetichista, mas apenas concorre para seu esforço de fundamentar a prática e os conceitos psicanalíticos. Finalmente, as revisões, os giros e as modificações que rapidamente indicamos no processo de sua investigação não denotam o espírito de repetição dogmática e acrítica que usualmente se associa com as pseudociências.

---

26 Jean-Claude Milner, *A obra clara: Lacan, a ciência, a filosofia*. Rio de Janeiro: Zahar, 1996.

7. Ciência como método, técnica e visão de mundo

Para Thomas Kuhn, uma anomalia é originalmente um fenômeno reconhecido por uma comunidade científica como inexplicável por um determinado paradigma, mas com a qual, não obstante, os cientistas convivem, sem precisar abandonar o paradigma como um todo.[1] Um exemplo clássico de anomalia tolerada por cientistas era o problema do lançamento de projéteis – um evento cotidiano que a teoria física aristotélica, a qual dominou o consenso científico por cerca de 2 mil anos, não conseguia explicar. Quando lanço uma pedra ou um objeto qualquer para frente, como a força é "impressa" ou "se transfere" da minha mão para o objeto? A teoria vigente preconizava que havia dois tipos de movimento no mundo sublunar: os movimentos naturais, que devolvem um corpo a seu lugar natural, e os movimentos violentos, que fazem o inverso. Quando lanço uma pedra para cima (exemplo paradigmático de movimento violento), ela retorna para seu lugar natural, restabelecendo a ordem cósmica. Dentro dessa teoria física, o fenômeno absolutamente trivial do lançamento de projéteis constitui uma anomalia. Ninguém sabia explicar, mas essa dificuldade não abalava os fundamentos da

---

1   Cf. Thomas S. Kuhn, *A tensão essencial*, trad. Marcelo Amaral Penna-Forte. São Paulo: Ed. Unesp, 2011.

disciplina. Os medievais desenvolveram a teoria do *impetus*, uma espécie de hipótese ad hoc, na tentativa de salvar o paradigma. Esse exemplo mostra como a ciência normal funciona: a adesão da maior parte da comunidade científica a um paradigma explica a tolerância dessa comunidade com anomalias.

Assim, uma vez declarado o estado de ciência normal, a anomalia deve ser incluída ou neutralizada pelo paradigma. Quando isso não ocorre, a anomalia pode induzir *crise* e, subsequentemente, *revolução científica*, fazendo emergir um novo paradigma. Consideramos que a psicanálise é o análogo de uma anomalia desse tipo, tomada como um fenômeno histórico parasitário da epistemologia, uma vez que ela não pode ser nem propriamente incluída nem propriamente expelida da ciência como se se tratasse de um epifenômeno inconsequente.[2]

Contudo, essa discussão está muito longe do impasse que se apresenta no século XXI. E é um impasse curioso, porque parte de afirmações ridiculamente banais contra a cientificidade da psicanálise. Desde a mudança epistemológica dos anos 1980, a ciência passou a ser um assunto legislado e definido pela existência de uma comunidade de cientistas. A ciência é o que os cientistas fazem e o que os cientistas fazem é ciência. Podemos nos indignar com essa tautologia, mas ela representa o estado de coisas em vigor no mundo. Ocorre que, por esse critério, não há a menor possibilidade de que uma disciplina que conta com milhares de teses, dezenas de milhares de artigos publicados em revistas científicas "controladas", centenas de grupos de pesquisa cadastrados no Diretório Nacional de Pesquisa do Conselho

---

2 Para uma abordagem específica da dimensão propriamente epistemológica da psicanálise, remetemos o leitor aos trabalhos nos quais temos defendido a ideia de que a psicanálise poderia ocupar o lugar de "anomalia científica", no sentido de Kuhn: C. I. L. Dunker, *Estrutura e constituição da clínica psicanalítica*. São Paulo: Zagodoni, 2013.

Nacional de Desenvolvimento Científico e Tecnológico (CNPq), uma disciplina que está presente maciçamente em cursos universitários, que se inclui entre as destinatárias de financiamento do Estado via bolsas de pesquisa, e assim por diante, não há a menor possibilidade de que essa disciplina possa ser considerada uma pseudociência. Ocorre que não gostamos de usar esse argumento. E com razão. Isso significaria apelar para a nossa inclusão no Estado.

O psicanalista não se forma apenas como pesquisador e não se forma na universidade. A formação universitária constitui, certamente, o primeiro passo, mas a psicanalítica é peculiarmente exigente. Não se trata apenas da formação conceitual e mesmo prática, através por exemplo de estágios ou residência clínica. Ela exige ainda um processo de transformação de si mesmo, em análise. O problema da formação do psicanalista é um dos mais delicados e não cabe aqui destrinchá-lo. Basta lembrar que a formação do analista se baseia no tripé constituído por formação teórica continuada, análise pessoal e atendimento clínico supervisionado. Assim, psicanalistas agrupam-se em institutos e escolas de formação, onde colocam à prova não apenas sua consistência teórica mas também a clínica que sustentam. Diferentes orientações testam e consolidam dispositivos diversos de verificação, mas todas as instituições sérias se sustentam no tripé teoria, análise, supervisão. De certa forma, cada análise é, em princípio, uma anomalia: por não haver sujeitos-tipo, cada análise suspende e refunda a própria teoria. Decorre daí a impossibilidade de replicabilidade do experimento tão esperada por cientistas formados em certas tradições. Não apenas a psicanálise funciona como uma anomalia no conjunto das ciências, mas cada análise é uma anomalia para a própria psicanálise. O esforço da psicanálise é o de elevar a anomalia a condição de paradigma.

A psicanálise é ela mesma, a um só tempo, uma *prática de tratamento de sintomas* e uma *teoria que agrupa e interpreta fatos e considerações obtidos no interior dessa prática*. É preciso levar em conta essa pluralidade constitutiva e operacional da psicanálise para avaliar como se aplica o julgamento de sua cientificidade. É preciso distinguir a psicanálise como método de tratamento e como método de investigação. Desse modo, as hipóteses científicas precisam ser tratadas diferentemente em um e outro contexto.

Freud propõe uma conhecida analogia entre o tratamento clínico propriamente dito e a investigação científica:

> É bem verdade que um dos méritos do trabalho analítico é que nele pesquisa e tratamento (*Forschung und Behandlung*) coincidem, mas a técnica que serve a um, de certo ponto de vista, acaba se opondo à outra. Não é bom abordar um caso cientificamente enquanto o respectivo tratamento não tiver sido concluído, construir a sua estrutura, inferir a continuidade, fazer imagens do status atual da situação de tempos em tempos, tal como o interesse científico o exigiria.[3]

Tal analogia sugere que a mesma forma de conhecimento que se obtém ao fim de uma pesquisa científica seria obtida no desenlace de uma análise – o que é no mínimo discutível. O método psicanalítico seria uma abordagem científica dos objetos e fenômenos que se propõe a investigar caso a concatenação de seus desenvolvimentos teóricos assumisse os critérios de transmissibilidade – públicos, universais e replicáveis – que se espera de um saber em forma de ciência. A questão é que a teoria psicanalítica sempre foi indissociável da clínica psicanalítica, embora os critérios de cientificidade devam ser diferentemente aplicados em um e outro caso. Os desenvolvimentos técnicos e conceituais em psicanálise

---

3 S. Freud, "Recomendações ao médico para o tratamento psicanalítico" [1912], in *Fundamentos da clínica*, trad. Claudio Dornbusch. Col. Obras Incompletas de Sigmund Freud. Belo Horizonte: Autêntica, p. 97.

7. Ciência como método, técnica e visão de mundo

se dão mediante a análise de sujeitos singulares. Pensamos que é nessa última acepção que Lacan afirmou que a psicanálise não é uma ciência, mas uma prática. Em outras palavras, a clínica, seja ela qual for (médica, fisioterápica, fonoaudiológica, psicanalítica, psicológica ou psiquiátrica), jamais foi e jamais será uma ciência. Isso não significa que seus procedimentos e fundamentos não se baseiem em modalidades e estilos de raciocínio científico ou em ciência de base.

Cabe lembrar que um fosso separa a investigação em anatomia, fisiologia ou genética do tipo de investigação que se dá no âmbito da clínica médica. Clínica, é, por definição, aplicação de teoria (genérica) a casos (singulares). Essa "aplicação" exige um tipo de raciocínio que, mesmo quando fundado em evidências e consensos científicos, está sempre um pouco além ou um pouco aquém do saber normalizado em protocolos. Por que sentimos mais confiança em um médico do que em outro, se ambos dominam a mesma teoria? Como podemos falar de um médico "experiente"? O raciocínio clínico é diferente do raciocínio científico, embora não o contradiga. Nesse sentido, clínica não é, nem pode ser, científica. Nesse sentido preciso – quer dizer, considerada como método clínico – também poderemos afirmar sem grandes dificuldades que a psicanálise não é uma ciência, embora se funde em princípios científicos.

Em nossa pesquisa sobre a arqueologia das práticas que originaram a psicanálise, pudemos observar que esta pode ser definida como uma ética cujo horizonte é o potencial transformativo de uma certa experiência de verdade, mas também como uma variante do método clínico, desenvolvido por Jonathan Culler, Claude Bernard e Xavier Bichat na aurora da medicina moderna, compreendendo uma semiologia, uma diagnóstica, uma terapêutica e uma etiologia baseada na escuta e na linguagem, não nos signos do corpo, seus tecidos e sistemas. Mas além de uma ética da cura e um método clínico orientado para a reversão de sintomas, a psicanálise descende das técnicas da palavra para aliviar o sofrimento, incluindo-se aqui as práticas de hipnose, sugestão, influência, aconselhamento, que mais recentemente podem ser redescritas, ainda que pouco explicadas sob o conceito de "efeito placebo".[4]

Mesmo na Medicina Baseada em Evidências há diferenças importantes entre escolas, linhas e abordagens individuais. Uma mesma evidência (a imagem de um ultrassom, de uma tomografia ou de uma ressonância magnética) pode ser dependente não apenas da interpretação do clínico, mas também, relativamente, do operador, e pode resultar em condutas mais conservadoras ou mais intervencionistas, deixando uma margem nada trivial de subjetividade ou de linha de atuação na conduta do tratamento. Dessa distinção entre método de pesquisa e método de tratamento emergem duas estratégias distintas, com resultados mais positivos ou mais incertos, de acordo com esses dois escopos da questão.

Quanto à replicabilidade – que de certo modo teria frustrado as pretensões científicas da psicologia experimental –, quando um médico receita um fármaco para uma criança autista, advertido de que não existe tratamento medicamentoso para o transtorno do espectro autista (TEA), mas apenas para suas manifestações psiquiátricas, ele não está fazendo ciência nem está agindo em nome da ciência. Ele está adotando um protocolo de ação, formado e definido pela comparação entre pesquisas, no contexto do Estado que segue tal ou qual marco regulatório e promove determinada política pública de saúde, sob influência de tal ou qual representante comercial farmacêutico, em concordância com as recomendações de sua formação universitária, tudo isso considerando as escolhas que ele pode fazer como clínico, mas também os custos e a cobertura de saúde que estão em jogo nessa situação. Quando um psiquiatra decide, diante de um quadro

---

4   C. I. L. Dunker, *Estrutura e constituição da clínica psicanalítica*, op. cit.

7. Ciência como método, técnica e visão de mundo

psicótico, entrar com internação em regime aberto ou fechado, prescrever fármacos que podem funcionar como camisa de força química ou combinar estratégias com psicoterapia, oficinas artísticas etc., não são apenas evidências científicas que orientam sua conduta, mas crenças políticas, subjetivas, econômicas. Quando um oncologista encaminha um doente terminal para tratamento paliativo ou para o Centro de Terapia Intensiva (CTI), também não são apenas evidências científicas que norteiam sua decisão clínica. Quando a Medicina Baseada em Evidências introduz o cálculo de custos na equação que define qual estratégia clínica será adotada, essa consideração simplesmente não tem nada de científica. É uma consideração administrativa, política e de gestão securitária.

Há uma série de estudos comparativos sobre a eficácia e a eficiência da psicanálise como forma de tratamento clínico. Após um primeiro momento, quando a psicanálise era descartada do "páreo" porque não se sabia como enquadrar seus resultados de forma comparativa e segundo os critérios que ela mesma poderia oferecer, seguiu-se mais recentemente uma série de pesquisas científicas e metanálises que mostravam como a "psicoterapia psicodinâmica de longo prazo"[5] apresenta efeitos mais consistentes,[6] mais permanentes e mais abrangentes que a maior parte das psicoterapias conhecidas.[7] Essas pesquisas utilizam métodos estatísticos complexos, capazes de incorporar dados obtidos por meios e modalidades de apresentação muito divergentes. Nessa via, o

---

5 Falk Leichsenring e Sven Rabung, "Effectiveness of Long-Term Psychodynamic Psychotherapy: A Meta-analysis". *Jama*, v. 300, n. 13, 2008, pp. 1551-65.
6 Dorothea Huber et al., "Comparison of Cognitive-Behaviour Therapy with Psychoanalytic and Psychodynamic Therapy for Depressed Patients: A Three-Year Follow-Up Study". *Z Psychosom Med Psychother*, v. 58, n. 3, 2012, pp. 299-316.
7 Norman Doidge, "Empirical Evidence for the Efficacy of Psychoanalytic Psychotherapies and Psychoanalysis: An Overview". *Psychoanalytic Inquiry*, v. 17, 1997, pp. 102-50.

problema se desdobra indefinidamente para a comparação entre tipos de patologias, diferença para adultos ou crianças,[8] contextos culturais e institucionais,[9] extensão e qualidade da experiência do psicanalista, linhagens e sublinhagens psicanalíticas. Para todos esses casos há pesquisas que comprovam a eficácia do tratamento psicanalítico. Note-se que esses estudos não comprovam a cientificidade da psicanálise, mas sua eficácia. Um xamã amazônico que utiliza plantas mágicas, as quais contêm princípios ativos insabidos para o próprio agente da cura, não está praticando ciência, mesmo que ele seja extremamente eficaz. A eficácia simbólica[10] é um fenômeno interveniente na cura, assim como o efeito placebo – nenhum dos dois é um argumento de cientificidade, mas de eficácia técnica. A cientificidade é um atributo do método e a eficácia, um predicado da técnica. Nesse sentido, comparar o método Applied Behavior Analysis (Análise de Comportamento Aplicada – ABA)[11] de abordagem do autismo com o método psicanalítico é uma tolice, simplesmente porque o método ABA não é um método de tratamento, mas uma técnica de aprendizagem.

O segundo escopo da questão, quando abordamos separadamente o problema da cientificidade da teoria e do método clínico (que possui ele mesmo sua teoria), o sentido da integração e agrupamento dos efeitos da prática desse método ocorre quando

---

8   Peter Fonagy e Mary Target, "Predictors of Outcome in Child Psychoanalysis: A Retrospective Study of 763 Cases at the Anna Freud Centre". *Journal of the American Psychoanalytic Association*, v. 44, n. 1, 1996, pp. 27-77.
9   Lucie Cantin, "An Effective Treatment of Psychosis with Psychoanalysis in Quebec City, since 1982". *Annual Rewiew of Critical Psychology*, v. 7, 1999, pp. 286-319.
10   Claude Lévi-Strauss, "A eficácia simbólica", in *Antropologia estrutural* [1958], trad. Beatriz Perrone-Moisés. São Paulo: Ubu Editora, 2017.
11   Srinivas Medavarapu et al. "Where is the Evidence? A Narrative Literature Review of the Treatment Modalities for Autism Spectrum Disorders". *Cureus*. v. 11, n. 1, 2019, e3901.

7. Ciência como método, técnica e visão de mundo

nos limitamos ao tema da teoria psicanalítica como uma teoria científica. E, aqui, facilmente somos desqualificados por algo que, em princípio, é uma virtude, a saber, a diversidade de entendimentos e de leituras, o que caracteriza a teoria psicanalítica como uma teoria com baixos teores de consenso.

Por isso quando nossos críticos abordam *A psicanálise* como se ela fosse uma massa uniforme de leituras, desleituras e contraleituras, remetidas a uma origem comum no texto de Freud, devemos responder com *as psicanálises* e suas *acientificidades*, se for o caso. Mas seria essa diversidade um sinal deficitário de ciência, ou seria esse campo de divergências e derivas lexicais uma forma de manter agrupados narrativas clínicas, conceitos e procedimentos que são diversos porque a realidade à qual estes se referem é também igualmente diversa? Se levarmos adiante o sonho de uniformidade e desambiguação, que é um critério perfeitamente recomendável em ciência, não estaríamos forçando uma padronização artificial e clinicamente desastrosa do que os psicanalistas fazem com seus pacientes? Existem controvérsias clássicas na história da psicanálise. Por exemplo, o que analisar primeiro? As defesas ou o desejo? Os sintomas ou o caráter? A angústia ou a fantasia? Suponhamos que se possa mostrar que a ordem dos procedimentos não importa, ou que ela é covariante com o diagnóstico ou que ela depende do estilo de cada analista, como dependeria, digamos, do estilo de cada cirurgião. Teríamos então uma quantidade imensa de situações clínicas, de alta complexidade, onde a tentativa de padronizar o que o psicoterapeuta faz torna-se um verdadeiro desafio descritivo, acrescido e redobrado pela confusão das línguas psicanalíticas.

Por sua vez, uma comparação justa entre procedimentos depende da regularidade, da ordem e da previsibilidade que se possa produzir na direção do tratamento. Ora, as práticas psicoterapêuticas que apresentam "evidências robustas" passaram por um processo de classificação e uniformização chamado de *manualização*. De certa forma, quando se avalia uma psicoterapia, avaliam-se indiretamente sua capacidade e a precisão como ela foi manualizada.

Uma revisão recente sobre o nível de manualização de uma das práticas mais clássicas e rigorosamente comprometidas com a ciência do comportamento no Brasil, ou seja, a terapia analítico--comportamental, apontou para a falta de evidências empíricas que comprovassem ou rejeitassem sua eficácia. Isso pode ser atribuído tanto à escassez quanto à qualidade dos trabalhos encontrados. Dos 72 trabalhos revisados, 60 eram relatos de caso e não havia estudos experimentais do tipo ensaio clínico randomizado, nem revisões sistemáticas ou metanálises. Mas crucialmente os estudos encontrados careciam de descrições precisas dos procedimentos de intervenção utilizados e também de boas avaliações de fidelidade.[12] Um problema análogo ao da diversidade da psicanálise surge aqui quando verificamos que a psicoterapia analítica funcional (FAP) – e suas abordagens próximas, como a terapia de aceitação e compromisso (ACT), a terapia focada na compaixão (CFT) e a terapia comportamental dialética (DBT) – encontram dificuldades insidiosas para formar uma boa manualização. Contudo, os bons manuais de introdução a esse tipo de psicoterapia estão longe de se apresentarem com um conjunto fixo de procedimentos, sem o contexto ou a indeterminação que caracterizam a clínica[13]. Aparentemente, as psicoterapias manualizáveis são aquelas pensadas, desde o início, para serem decompostas em procedimentos, fases e soluções, pré-diagramadas.[14]

---

12 Jan Luiz Leonardi, *Prática baseada em evidências em psicologia e a eficácia da análise do comportamento clínica*. Tese de doutorado. São Paulo: Instituto de Psicologia – Universidade de São Paulo, 2016.

13 Gareth Holman et al., *Psicoterapia analítica funcional descomplicada: guia prático para relações terapêuticas*. Novo Hamburgo: Synopsis, 2022.

14 L. E. Beutler, "Identifying Empirically Supported Treatments: What If We Didn't?". *Journal of Consulting and Clinical Psychology*, v. 66, n. 1, 1998,

Ou seja, quando se afirma a *acientificidade* da psicanálise, temos de produzir "metodologicamente" uma unidade do que nossa comunidade chama de psicanálise, e cujo poder de representatividade é tão redutivo quanto uma redução operacional de conceitos. Nessa direção, tem-se argumentado que a psicanálise, enquanto teoria, regula-se por uma teoria da prova semelhante à que encontramos na teoria da evolução proposta por Darwin. Isso não quer dizer que a psicanálise seja uma ciência natural – como, aliás, advogava o próprio Freud –, mas que a estrutura da verificabilidade das evidências clínicas da psicanálise é homóloga à da teoria darwiniana da evolução das espécies: ela reúne fatos de diferentes proveniências, implica hipóteses indemonstráveis, pretende explicar um grande espectro de fenômenos com poucos princípios básicos, dificilmente pode ser "replicada" ou "testada", pelo menos segundo parecem requerer empiristas ingênuos, tão abundantes no mundo psi. A propósito, sobre a teoria da evolução, Popper chegou a afirmar: "Cheguei à conclusão de que o darwinismo não é uma teoria científica testável, mas um programa de pesquisa metafísica – uma possível estrutura para teorias científicas testáveis".[15]

Aqui também surgem subdivisões do problema: haveria uma única ciência na psicanálise, ou se trata de várias ciências, como a linguística, a matemática, a neurologia, a psicologia do desenvolvimento, a antropologia, que concorrem para formar os fundamentos de uma ou mais de uma ciência? Algo semelhante

---

pp. 113-20; Dianne Chambless e Thomas Ollendick, "Empirically Supported Psychological Interventions: Controversies and Evidence". *Annual Review of Psychology*, v. 52, 2001, pp. 685-716.

15 Karl Popper, *Autobiografia intelectual*, trad. Leonidas Hegenberg e Octanny Silveira da Mota. São Paulo: Cultrix, 1976, p. 168. Trecho original: "*I have come to the conclusion that Darwinism is not a testable scientific theory, but a metaphysical research programme – a possible framework for testable scientific theories*".

acontece quando se pensa em divisões como o doutrinal de ciência (moderna) e o ideal de escrita pós-científico do último Lacan.[16]

Que bobagem! apresenta a psicanálise como um subcapítulo das doutrinas psicodinâmicas. E critica o inconsciente freudiano como equivalente ao "inconsciente psicodinâmico", que seria "insustentável tanto do ponto de vista lógico quanto da evidência empírica".[17] Em seguida descreve o espantalho teórico com as seguintes características:

1. O inconsciente psicodinâmico é comparável a uma "mente paralela" ou um "calabouço", "repositório binário de pensamentos vergonhosos e impulsos inomináveis, motivações pérfidas e memórias indizíveis".[18]

2. O inconsciente psicodinâmico não é feito da supressão, mas da repressão de coisas que "nunca notamos que existem".[19]

3. "Se o inconsciente psicodinâmico não está lá, então todo o empreendimento psicanalítico faz tanto sentido quanto hepatoscopia, a arte de prever o futuro examinando o fígado de animais sacrificados."[20]

4. O motivo que temos para acreditar que ele "está lá" advém da palavra dos psicanalistas, de alguns pacientes e da experiência clínica.

Ora, a argumentação é totalmente improcedente, pois mais de uma vez Freud apresentou o conceito de inconsciente como uma hipótese, não como um fenômeno dotado de existência. Os objetos aos quais se aplicam essa hipótese são as formações do

---

16 Cf. Jean-Claude Milner, *A obra clara: Lacan, a ciência, a filosofia*. Rio de Janeiro: Zahar, 1996.

17 Natalia Pasternak e Carlos Orsi, *Que bobagem! Pseudociências e outros absurdos que não merecem ser levados a sério*. São Paulo: Contexto, 2023, , p. 162.

18 Ibid., p. 187.

19 Ibid., p. 189.

20 Ibid., p. 188.

inconsciente, tais como os lapsos, os chistes, os atos falhos, os sonhos, os sintomas, as transferências e as fantasias. Há aqui uma confusão brutal entre fatos e interpretações, confusão que não resiste ao mínimo apuro textual na obra de Freud. Várias vezes ele refutou a ideia de que o inconsciente poderia ser identificado com a representação que a consciência faz dele, ou seja, como uma força, um destino, um ente poderoso, exatamente como a descrição incauta de nossos críticos. Para dizer com Lacan, "o inconsciente nunca despista tanto quanto ao ser apanhado em flagrante",[21] o que quer dizer que seu estatuto não é ôntico: ele não existe como ente apreensível, nem mesmo quando se revela de maneira gritante.

Também é pertinente considerar o problema do ponto de vista da crítica política ou ética do que vem a ser o estado atual da ciência em sua organização disciplinar. Aqui o argumento contra a cientificidade da psicanálise reúne os que advogam a extraterritorialidade da psicanálise, com base na irredutibilidade ética de seus procedimentos, e os que refutam, com boas indicações críticas, a conveniência entre a ciência e os processos de individualização da modernidade, ou entre a negação do sujeito e seu retorno sob forma de racionalidade técnica, segregação e alienação. Às vezes, isso é acompanhado do exame crítico das modalidades de pesquisa prevalentes hoje em psicologia[22] ou nas ciências humanas. A aposta na singularidade do sujeito contra as generalizações classificantes que operam no interior da metodologização dos objetos de pesquisa, assim como a defesa do discurso do psicanalista contra o discurso do capitalista, resistem aos fundamentos da ciência ela mesma, ou melhor, à corrupção

---

21 J. Lacan, "O engano do sujeito suposto saber", in *Outros escritos*, trad. Vera Ribeiro. Rio de Janeiro: Jorge Zahar, 2003, p. 329.

22 Cf. Michel Lapeyre e Jean-Marie Sauret, "A psicanálise como ciência". *Tempo Psicanalítico*, v. 40, n. 2, 2008.

de seu projeto inicial em uma ideologia científica. Desde Louis Althusser até Slavoj Žižek e Darian Leader, esse tipo de crítica vem se consagrando no interior da psicanálise. Contudo, o que ele apresenta em termos de alta penetrância nas ciências sociais reverte-se, muitas vezes, na exclusão da psicanálise do seio das práticas de saúde mental e saúde geral.

Portanto, é ridiculamente inverossímil o retrato apresentado pelo livro *Que bobagem!* acerca do inconsciente da psicanálise em oposição ao que seriam os verdadeiros processos inconscientes cerebrais,[23] nos termos dos autores, solidários de uma noção de consciência como "narrativa autobiográfica que parece correr em paralelo com nossas vidas", pois é apenas "'informada' do que o cérebro já decidiu de antemão".[24] Sem nenhuma argumentação, dado ou pesquisa, os autores afirmam que o que acontece no cérebro, que toma tais decisões, não tem nenhuma relação com a quimera do "conteúdo reprimido",[25] ou seja, com nossa própria história, seja ela mental ou cerebralmente organizada.

A teoria da memória é agora totalmente invertida. Atribui-se a Freud a ideia de que a repressão acontece quando as memórias não são registradas, "como arquivos num *hard-drive*". Denega-se a Freud a ideia de que as memórias são "reconstruídas cada vez que as evocamos". Como se não tivesse sido Freud, ele mesmo, a apontar que nossa memória não funciona como um conjunto de engramas, que ela é reconstruída cada vez que a mobilizamos. Como se não fosse radicalmente psicanalítica, e sim neurocientífica, a ideia de que tais "reconstruções incluem interferências de outras memórias, ou mesmo da imaginação, o que pode ser especialmente verdade no caso de eventos traumáticos".[26]

---

23 N. Pasternak e C. Orsi, op. cit., p. 170.
24 Ibid.
25 Ibid.
26 Ibid., p. 196.

7. Ciência como método, técnica e visão de mundo

Postas tais considerações, podemos cernir nossa posição no quadro das duas estratégias de fundamentação científica que vêm caracterizando o debate contemporâneo. A estratégia internalista nos faz dizer algo assim: *nós temos nossa própria cientificidade, com critérios que podemos apresentar e justificar em termos universais, públicos e transmissíveis*. Nesse ponto, costumamos cometer o equívoco de nos opor a outras formas de ciência de tipo empiricista ou positivista, sem nos apercebermos de que o internalismo já foi absorvido pela lógica do capital científico. Ou seja, não se trata mais de aferir se há características intrínsecas e verificáveis na conceitografia psicanalítica que a tornariam admissível no pórtico da ciência; afinal, o grande ideal unicista do método científico foi abandonado nos anos 1980. No lugar dele emergiu uma nova cultura científica que tolera perfeitamente bem a diversidade, as formalizações internas dos objetos, as regionalidades epistêmicas. Essa nova edição da ciência a define por critérios tais como: qualidade das revistas científicas, impacto de citações, capacidade de se impor a seus concorrentes "locais", potencial de obter e justificar financiamento, pujança na administração desse grande negócio chamado ciência. A ciência, assim como a universidade da qual ela se tornou serva, tornou-se um imenso empreendimento burocrático. Do outro lado, a pesquisa sobre a técnica se autonomizou, formando o novo casamento entre universidade e empresa.

Fica claro que o foco do problema se deslocou para outro aspecto da discussão: a normatividade da ciência contemporânea. Seria, portanto, insuficiente remeter a discussão atual sobre cientificidade aos fundamentos epistemológicos ou metodológicos da psicanálise, já que o que está em jogo é, sobretudo, a capacidade da psicanálise de se inserir ou não no "mercado comum" que a ciência hoje constitui. E é no interior dos processos de judicialização do saber e certificação das práticas que a psicanálise tem mais dificuldade de se posicionar. Nesse ponto, sua resistência costuma assumir o que há de pior na estratégia internalista, ou seja, a endogamia. Quando advogamos que temos nossos próprios critérios e não precisamos da esfera pública para legitimar nossa prática, ainda um último resíduo da prática liberal, isso facilmente pode se transformar em um contra-argumento suicidário. Ou seja, considerar a psicanálise como um discurso entre outros no quadro das ciências contemporâneas impõe um certo conjunto de tarefas e problemas a enfrentar, para os quais a mentalidade de muitos psicanalistas ainda adormece sob o sono dogmático da razão, a saber:

- Aceitar que a psicanálise pode fazer uma crítica propositiva da uniformidade proposta no Manual Diagnóstico e Estatístico de Transtornos Mentais (DSM) e formular um modelo melhor de psicopatologia e de diagnóstico do que o que hoje tipifica o sofrimento humano.
- Entender seu papel no contexto de uma revisão global das formas de entendimento da saúde mental, bem como de suas políticas públicas.
- Aumentar sua diversidade formativa e seu acesso a populações hoje excluídas, seja por corte de classe, raça, gênero, seja por indisponibilidade de meios de financiamento.
- Suspender a atitude que demanda extraterritorialidade e excepcionalidade total no debate epistemológico, produzindo mais e melhores repostas para as críticas historicamente recebidas.
- Radicalizar sua potência crítica e terapêutica no contexto da formação de psicanalistas mais além de sua dissolução na normatividade das instituições ou do Estado.

Parte II

— PSEUDCIÊNCIA, PSEUDO-TECNOLOGIA E PSEUDO-EPISTEMÓLOGOS

8. Popper e a pseudociência

Natalia Pasternak, Carlos Orsi e Ronaldo Pilati, assim como alguns jovens pesquisadores da Psicologia Baseada em Evidências (PBE), têm insistido na ideia de que a psicanálise é uma pseudociência. A categoria criada por Karl Popper nos anos 1960 para demarcar o campo da ciência em relação ao que não é ciência, e ainda mais estipulando critérios para reconhecer falsas ciências, tornou-se recentemente sinônimo de "bobagem", "má-fé" e "impostura" nas mãos desses teóricos brasileiros:

> Basta abrir qualquer revista "científica" que publique artigos psicanalíticos que fica evidente o esforço confirmatório que a maioria dessas produções possui, seja pela maneira como os objetivos de pesquisa são estruturados, pelo emprego de métodos de investigação incapazes de produzir evidências de "desconfirmação" ou, o que é mais frequente, pela combinação das duas estratégias.[1]

Ora, a aleatoriedade da evidência assim produzida, expressa por uma afirmação tão vaga quanto "basta abrir qualquer revista", tem um precedente na maneira como o próprio Popper questionava certas estratégias de prova. Entre as teorias que interessavam a Popper estava a teoria da relatividade de Albert Einstein,

---

1 Ronaldo Pilati, "A psicanálise e o infindável ciclo pseudocientífico da confirmação". *Revista Questão de Ciência*, jun. 2020.

mas também a teoria da história de Karl Marx, a psicanálise de Sigmund Freud e a psicologia individual de Alfred Adler,[2] que conheceu em primeira mão: "Eu mesmo tive um contato pessoal com Adler e cheguei a cooperar com ele em seu trabalho social entre as crianças e os jovens dos bairros proletários de Viena, onde havia estabelecido clínica de orientação social".[3] Do contato com Adler, Popper faz inferências, digamos assim, nada popperianas acerca de Freud e da psicanálise. Os exemplos que elenca são, para dizer o mínimo, constrangedores.

De todo modo, Popper logo percebeu pontos em comum nessas teorias: elas criavam um efeito de conversão ou revelação intelectual em seus iniciados. Estes encontravam verificações por toda parte, reagiam a críticas transformadas em "repressões ainda não analisadas" e confirmavam suas hipóteses por meio de "observações clínicas". Certa vez perguntou a Adler "como podia ter tanta certeza" e ele respondeu: "Porque já tive mil experiências desse tipo", o que confirmava o fato de que "cada caso podia ser examinado à luz da teoria".[4]

No fim das contas, o que temos aqui são histórias contra histórias e generalizações de ambos os lados. Mas Popper vai além e propõe por sua conta e risco um experimento mental sobre a psicanálise:

> Posso ilustrar esse ponto com dois exemplos muito diferentes de comportamento humano: o do homem que joga uma criança na água com a intenção de afogá-la e o de quem sacrifica sua vida na tentativa de salvar a criança. Ambos os casos podem ser explicados com igual facilidade, tanto em termos freudianos como adlerianos. Segundo Freud,

---

2 Ibid.

3 Karl Popper, *Conjecturas e refutações*, trad. Sérgio Bath. Brasília: Ed. UnB, 1980, p. 64.

4 Ibid., p. 65.

o primeiro homem sofria de repressão (digamos, algum componente do seu complexo de Édipo), enquanto o segundo alcançara a sublimação. Segundo Adler, o primeiro sofria de sentimento de inferioridade (gerando, provavelmente, a necessidade de provar a si mesmo a capacidade de cometer um crime) e o mesmo havia acontecido com o segundo (cuja necessidade era provar a si mesmo ser capaz de salvar a criança). Não conseguia imaginar qualquer tipo de comportamento humano que ambas as teorias fossem incapazes de explicar.[5]

Ora, o experimento não tem pé nem cabeça, não pode ser sancionado como pertinente por nenhum psicanalista. Os fatos são trazidos sem o discurso concreto dos envolvidos, sem consideração do contexto clínico, como se a psicanálise fosse um método de leitura do mundo, segundo uma chave semântica preestabelecida. Pilati argumenta que a psicanálise "tem enorme apelo popular, contando com espaço de interlocução significativo em diversos setores da sociedade, como nas artes e na educação, e ainda possui, também, espaço dentro das instituições científicas".[6] E que, enfim, ela vive e é aceita como uma tradição, apenas graças à sua antiguidade.

A psicanálise, com sua estrutura de concepção sobre a mente humana, bem como o conjunto de desdobramentos do pensamento que nasceu da psicanálise, o que genericamente é nomeado de abordagens psicodinâmicas, partilham do caráter não científico dessa perspectiva de compreensão.[7]

Em que pesem as diferenças entre psicanálise e abordagens psicodinâmicas, questão à qual voltaremos mais tarde, Pilati não traz efetivamente nenhum argumento para mostrar ou demons-

---

5 Ibid.
6 R. Pilati, op. cit.
7 Ibid.

8. Popper e a pseudociência

trar a impertinência da psicanálise, limitando-se a subscrever à visão de Popper: a psicanálise se apresentaria como "infalseável", "irrefutável", atitude eminentemente anticientífica. Ainda que este último apresente críticas melhores e mais fundamentadas no quadro de sua teoria da refutabilidade como critério de cientificidade, não é nada disso que é trazido ao caso. Mas o que nosso crítico contemporâneo não menciona é que existem razões em Popper para afastar a psicologia como parte da definição mesma que ele pretende de conhecimento:

> Quanto à tarefa que toca à lógica do conhecimento – em oposição à psicologia do conhecimento –, partirei da suposição de que ela consiste apenas em investigar os métodos empregados nas provas sistemáticas a que toda ideia nova deve ser submetida para que possa ser levada em consideração. [...] essa reconstrução [psicológica] [...] pode apenas dar um esqueleto lógico do processo de prova [...]. Meus argumentos neste livro independem inteiramente desse problema.[8]

Pode ser bastante razoável afastar aspectos psicológicos envolvidos, digamos, na investigação de processos biológicos, na intelecção de questões sobre química ou física quântica, mas seria razoável afastar toda a psicologia na hora de produzir um conhecimento sobre a psicologia? Diz Popper:

> O que me preocupava, portanto, não era [...] o problema da veracidade, da exatidão ou da mensurabilidade. [...] as três teorias [de Marx, Freud e Einstein], embora se apresentassem como ramos da ciência, tinham de fato mais em comum com os mitos primitivos do que com a própria ciência, se aproximavam mais da astrologia do que da astronomia.[9]

---

8 K. Popper, *A lógica da pesquisa científica*, trad. Leônidas Hegenber e Octanny Silveira da Mota. São Paulo: Cultrix, p. 32.

9 Id., *Conjecturas e refutações*, op. cit., p. 64.

É certo que isso representa uma exclusão dos saberes originá-rios, dos que não se organizam segundo as premissas metodo-lógicas advogadas por Popper, mas será mesmo que a estrutura dos mitos não pode ser estudada pela formalização de sua estru-tura lógica? Que muitos credos e ideologias se apoiem apenas em confirmações das próprias ideias não é um problema de sua natureza mítica, mas da impossibilidade de operar críticas sobre seus próprios procedimentos. Pode-se dizer que os psicanalistas argumentam mal ao produzirem ilações sobre suas práticas, mas se há algo que a história da psicanálise mostra é que estas passam longe do consenso.

Não bastasse essa contradição performativa, as próprias premissas de Popper foram questionadas seriamente. Ele teria confundido dois problemas diferentes: a definição normativa de ciência e o problema do território de cada ciência. A negação é diferente em cada caso, sendo a noção de pseudociência aplicável apenas ao segundo. A demarcação entre ciência e não ciência não compreende limites territoriais apropriados e não se sobrepõe à diferença entre ciência e pseudociências, uma vez que à primeira se aplica a distinção entre tipos de inferências analíticas ou sin-téticas, e às segundas referem-se tipos de crenças ou comporta-mentos preferíveis ou desprezíveis. Com isso, Popper confunde cientificidade com empiricidade – propriedade do que pode ser fundamentado mediante observação – e identifica entre si for-mas de uso não empíricas e empíricas da razão. Uma implicação disso é considerar ciências normativas (como o direito), ciências reconstrutivas (como a história) e ciências formais (como a lógica e a matemática) como parte do mesmo conjunto metafísico que as expressões estéticas e religiosas.

A alegação de que pseudociências pretendem e se esforçam para se apresentar como ciência é, finalmente, tão circular quanto os argumentos levantados contra Freud e as redundân-cias de suas asserções.

8. Popper e a pseudociência

Outro problema da epistemologia de Popper que afeta a avaliação da psicanálise é o fato de ela se aplicar em tese a teorias singulares com aspiração de universalidade. Teorias que conjugam vários tipos de evidência, como a psicanálise, mas também como a teoria da evolução das espécies, de Darwin, acabam carecendo indevidamente de refutabilidade. Resulta que um critério que nos permite distinguir entre as ciências empíricas e os sistemas "metafísicos" elucida uma teoria dos limites absolutos da investigação empírica, não os limites das ciências naturais. O critério da falseabilidade ou é demasiadamente forte e não pode ser aplicado a proposições isoladas, ou é demasiadamente fraco e não pode ser aplicado a teorias metafísicas. Se apenas teorias individuais, pertencentes às ciências empíricas, são falseáveis,[10] só podemos identificar falseabilidade em sistemas de teorias, e qualquer uso da palavra "teoria" em relação a seu critério de falseabilidade deve ser entendido como uma expressão elíptica para "sistema teórico".

Mas, a fim de entender a regressão a autores da década de 1960 para pensar a ciência, é preciso levar em conta o contexto de luta contra a desqualificação da ciência no Brasil e, nesse contexto, o recurso a autores consolidados como forma de impor a obediência à ciência em situações de alto risco social, como na epidemia da covid-19. A discussão sobre o estatuto científico ou pseudocientífico de diferentes práticas e saberes atravessou o governo Bolsonaro desde o estímulo a movimentos como Escola sem Partido até a retirada de investimento em ciência e tecnologia, culminando em estratégias públicas erráticas envolvendo vacinação, recomendação de tratamentos e demais questões envolvendo o enfrentamento da covid. Decisões tomadas em franco e aberto desrespeito a inúmeros consensos científicos,

---

10 "'Uma teoria', diz o critério de demarcação de Popper, 'deve ser falsificável em princípio, se quiser pertencer à ciência empírica'" (David Miller, *Out of Error: Further Essays on Critical Rationalism*. New York: Routledge, 2006, p. 5).

violando até mesmo recomendações diretas e imediatas das autoridades sanitárias internacionais, expressas pela Organização Mundial de Saúde (OMS),[11] custaram milhares de vidas de brasileiros. Esse evento não encontrou respaldo apenas nessas circunstâncias políticas, mas até mesmo tais circunstâncias ligam-se a uma baixa capilaridade do ensino e da percepção do que vem a ser ciência no Brasil. Fruto desse estado de coisas é a confusão entre ciência, como prática de produção de conhecimento, e tecnologia, como aplicação desse saber a produção de objetos, práticas e serviços.

Uma pesquisa de 2015 verificava que os brasileiros "dizem" se interessar mais por ciência do que por esporte, política ou arte, mas apenas 6% conseguem se lembrar do nome de ao menos um pesquisador no país. A incoerência relativa é por si só é um dado. Queremos ser percebidos como admiradores e respeitadores da ciência. Eis a resposta padrão desejável para um anônimo que te interpela na rua sobre esse assunto. Outro fato interessante é que apenas 13% conseguiam apontar "onde" a ciência acontece, em termos de instituições, universidades e centros de pesquisa. Também se mostrava elevado o grau de interesse ou conhecimento sobre como se poderia adquirir mais conhecimento científico. Ainda assim, em 2015 nossa confiança de que a ciência traz mais benefícios do que malefícios apresentava números semelhantes aos europeus e norte-americanos.

Seguindo essa tendência, depois de 2019 a credibilidade dos cientistas caiu para quarto lugar (atrás de jornalistas e médicos). Também vale notar que hoje se verifica uma "onda pró-científica" resultante da crítica e do enfrentamento do negacionismo no

---

11 Deisy de Freitas Lima Ventura, Cláudia Perrone-Moisés e Kathia Martin-Chenut, "Pandemia e crimes contra a humanidade: o 'caráter desumano' da gestão da catástrofe sanitária no Brasil". *Revista de Direito e Práxis*, v. 12, n. 3, 2021, pp. 2206-57.

8. Popper e a pseudociência

contexto da covid. [12] Todos os itens da pesquisa de 2015 "melhoraram". Há mais interesse em saber como funcionam as universidades e museus e mais gente acredita nos cientistas. Ainda assim há percepção da necessidade do aumento de investimento em universidades, maior visibilidade de instituições (especialmente Butantã e Fiocruz). Mas agora o fato "paradoxal" é que as classes mais privilegiadas são as que menos aderem à ciência como valor:

> [...] parte expressiva do mesmo perfil (mais ricos, com ensino superior, brancos e homens), em questão sobre vacinação (LOP 5, de 2022), declarou não seguir as recomendações da ciência, pois não tomaram vacina ou tomaram apenas uma dose (sem eficácia necessária): 41% dos mais ricos, 32% dos com ensino superior, 29% dos brancos e 29% dos homens.[13]

Lógica informal, vieses cognitivos e argumentação tornaram-se tópicos de interesse geral. Voltamos assim a uma discussão sobre o estatuto da ciência, que, aliás, também prosperou na esteira de reflexões sobre os totalitarismos dos anos 1930. Poucos se lembram de que as pesquisas de Popper sobre teoria da ciência, incluindo o problema da demarcação entre ciência e não ciência, bem como entre ciência e pseudociência, ocorre no contexto de sua colaboração com Friedrich Hayek,[14] pensador central do neoliberalismo, isto é, da teoria econômica de reação às planificações autoritárias. Resulta dessa aliança um antídoto composto pela amálgama entre, de um lado, uma concepção segundo a qual haveria um único conhecimento digno de crédito

---

12 Vanessa Moreira Sígolo et al., "A onda pró-ciência em tempos de negacionismo: percepção da sociedade brasileira sobre ciência, cientistas e universidades na pandemia da Covid-19". *Revista Ciência e Saúde Coletiva*, 2023.
13 Ibid.
14 Friedrich Hayek, *The Counter-Revolution of Science*. Liberty Press: Indianapolis, 1979.

e, de outro lado, uma doutrina econômica que lhe fornece autoridade. Esse pacto expressa-se em uma epistemologia monista (que acredita na existência de um único método para todas as ciências), unicista (que acredita em uma só Ciência como modelo das demais), anti-historicista (que repudia a historicidade dos objetos de conhecimento), milenarista (que acredita apenas no último capítulo da história), naturalista (que desqualifica a cientificidade das ciências humanas), totalitarista (que subalterniza os saberes que não se expressam em sua linguagem) e universalista (que se globaliza em torno de consensos e critérios normativos em nome de um sujeito sem raça, sem gênero, sem etnia, sem classe, sem interesses).

Baseada exclusivamente em propriedades formais do método, em enunciados verificáveis e proposições falseáveis, tanto a epistemologia de Popper quanto o neoliberalismo de Hayek dependem de uma teoria da mente, capaz de ligar de modo universal, à natureza ou aos fatos, estados psicológicos dos sujeitos, tais como certeza, confiança e crença com afirmações, verdadeiras ou falsas, sobre o mundo. Evidência, seja na tradição de Descartes, seja na linhagem de Hume, seja na epistemologia contemporânea, não são apenas acúmulos de fatos nem reforço de convicções.

Ora, a novidade não é o retorno aos anos 1960, nem a reedição do espírito de *iluminismo terapêutico*, como antídoto preventivo contra a barbárie regressiva, como uma espécie de reforma cultural do intelecto, mas a elevação da ciência a uma espécie de tecnologia anônima, lei indiscutível, que se apresenta apenas como gestora dos saberes. Percebida como administradora exclusiva, como monopólio das regras de produção de conhecimento e uso legítimo da razão, "A" ciência será odiada por sua arrogância e seu desprezo pelas outras formas de racionalidade, ainda que não científicas nestes termos. Ela será associada justamente com as classes favorecidas, que sempre justificaram seus excessos de poder em suas prerrogativas de saber.

8. Popper e a pseudociência

Muitos dos saberes alternativos, paralelos e divergentes são chamados apenas de pseudociências, como se todo o cosmos universal e a toda razão consistisse em substituir o senso comum pela *verdadeira* ordem de conhecimento, real e científica. Curiosamente, essa soberania da ciência é menosprezada pelas classes mais abastadas, que se veem a si mesmas como mais cultivadas, do que pelas classes populares, que ainda acreditam que formas mais elevadas de saber e de investimento em educação justificam e conduzem a formas mais elevadas e legítimas de poder.

Portanto, se queremos que as políticas públicas aceitem, incorporem e levem em conta as melhores evidências científicas precisamos urgentemente tratar não apenas as pseudociências, mas as *pseudotecnologias* científicas. Aquelas que apresentam as técnicas para mensuração e operacionalização de práticas como filtros de inclusão e hierarquização e saberes. A ideia de que as práticas humanas, com seus dilemas éticos, com os seus impasses de decisão e escolha, possam ser tratados por teorias "automáticas", que excluem qualquer dúvida ou consideração feita pelos "mortais", torna se um alvo fácil para o ressentimento cognitivo.

Isso nos traz de volta ao retorno da teoria de Popper como modelo de consideração de toda cientificidade e como uma forma de antídoto a toda forma de mito. Olhando de perto, podemos sugerir que estamos diante da pior forma de mito que podemos inventar, ou seja, aquela que se apresenta despossuída de pressupostos metafísicos, que não discute suas premissas e que exclui outras formas de racionalidade de processos políticos de decisão. Nathan Oseroff mostrou que ironicamente a popularização da teoria de Popper dependeu da propagação de três mitos.[15]

---

15 Cf. Nathan Oseroff, "The Return of a Demarcation Problem", in Italian Society for Logic and the Philosophy of Science, *Triennial International Conference*. Bologna: Book of Abstracts, 2017, p. 120.

O primeiro mito popperiano é de que a demarcação entre ciência e não ciência é um procedimento puramente cognitivo e extrassocial. A demarcação se apresenta como normativa e fundada quando no fundo ela é restrita e territorial. Critérios territoriais, ou seja, concernentes a disciplinas específicas, são elevados a tomar afirmações particulares por universais e a aceitarmos enunciados falsos. Por exemplo, identificam-se as ciências naturais com as ciências empíricas, simplesmente porque ambas estariam diante do mesmo objeto, como se a identidade ontológica justificasse a unidade do método experimental. Com isso se introduzem critérios extralinguísticos, ou extradiscursivos, para definir o que é empírico e o que não é empírico. O mito aqui é análogo a dizer que as proposições só podem ser de dois tipos: analíticas, que versam sobre verdades analíticas e dedutivas, como a soma dos ângulos internos de um triângulo perfazer 180 graus, ou sintéticas e empíricas, como a afirmação de que a água ferve a cem graus no nível do mar. Essa partição parece colher todas as alternativas lógicas possíveis. Mas ela deixa de lado o próprio estatuto, o que nos faz perguntar: *e a afirmação de que as proposições são ou empíricas ou conceituais, essa afirmação é analítica ou sintética?* Ou seja, a tese popperiana de que as afirmações são científicas porque refutáveis, ou não científicas porque não refutáveis, não é ela mesma nem refutável nem irrefutável. Quando Popper identifica ciência com ciências naturais, e opõe estas à pseudociência, ele está olhando para a ciência normativamente, mas quando ele opõe ciência e não ciência, cujo modelo é a metafísica, ele está fazendo uma oposição territorial. De modo inverso, a demarcação "ciência" e "não ciência" não compreende limites territoriais apropriados; por exemplo, ciências que deixaram de ser ciência, ciências que se tornarão ciência, ciências que são parcialmente científicas. A demarcação indireta e decorrente entre ciência e pseudociência conflita os critérios de demarcação territorial, como a distinção analítico e sintético, com critérios normativos envolvendo tipos de crenças ou comportamentos preferíveis e desprezíveis, mais seguros ou mais perigosos para a população.

O segundo mito popperiano baseia-se no fato de que apenas teorias individuais seriam falseáveis. Ou seja, não há menção de que sistemas de teorias podem ser falseáveis parcialmente, sem definir precisamente até onde uma teoria depende de outra. Isso faz presumir que uma teoria é um conjunto de proposições explícitas e encadeadas e não que existem lacunas e articulação entre teorias e entre agrupamentos de proposições. Aqui o segundo critério embutido secretamente na falseabilidade, ou seja, a demarcação baseada na fronteira entre empírico e não empírico, nos leva a concluir que qualquer solução proposta para essa distinção estabelece apenas os limites do que é empírico, e não do que é ciência natural. E se não sabemos onde termina o território de um saber não conseguimos segmentar uma ciência em procedimentos e inferências e avaliá-los. Isso nos leva a um paradoxo. Ou a falseabilidade é um critério forte demais, que não pode ser aplicado a teorias individuais, ou ele é um critério muito fraco que não me permitirá distinguir o que é uma teoria metafísica. Com isso apenas teorias individuais, pertencentes às ciências empíricas, são falseáveis,[16] o que teria levado Popper a afirmar que a teoria da origem das espécies formulada por Darwin era apenas um esboço metafísico. Mas se nós podemos falsificar criteriosamente apenas sistemas de teorias, apenas tais teorias são propriamente científicas.[17] De modo indireto,

16 "Popper's Criterion of Demarcation Says, Must Be Falsifiable in Principle if It Is to Belong to Empirical Science". David W. Miller. *Out of Error: Further Essays on Critical Rationalism*. New York: Ashgate, p. 5.

17 "it is important to remember that [the criterion of demarcation] applies to theoretical systems rather than to statements picked out from the context of a theoretical system", ver K. Popper, *Realism and the Aim of Science*. New York: Routledge. Edited by William Warren Bartley, 1983 p. 178.

isso transforma as ciências formais e normativas em metafísica.[18] Ou seja, se a teoria T já é classificável por uma comunidade epistêmica como não controversamente "empírica", ela é possivelmente observável intersubjetivamente.

O terceiro mito popperiano baseia-se no fato de que existiria apenas um critério de cientificidade, a falseabilidade. Na verdade, Popper, como Alfred Jules Ayer e Rudolf Carnap, propôs duas condições separadas e necessárias que seriam suficientes para a demarcação: uma para sistemas teóricos, outra para membros de um sistema teórico. O critério de Popper da falseabilidade é uma versão restrita do critério verificacionista de Carnap chamado de desconfirmação, que se aplica apenas a sistemas teóricos. A falseabilidade é uma versão restrita do critério de Carnap e a confirmabilidade, ou testabilidade, ela própria uma versão restrita do critério de "previsibilidade" proposto por Ayer – para ele, o que determina se qualquer membro de um sistema teórico deve ou não ser considerado empiricamente preditivo. Esse resultado surpreendente contraria a suposição na literatura filosófica de que o critério de Popper de falseabilidade é tanto uma condição necessária quanto suficiente para a significatividade empírica; a falseabilidade é necessária, mas não suficiente para definir a ciência, pois existe um segundo critério de demarcação, ou seja, de que exista pelo menos um enunciado protocolar ou observável em um sistema teórico. Popper não admite que possam existir enunciados indecidíveis, ainda que não metafísicos. Tais enunciados, envolvendo decisões, são necessários para pensar a previsibilidade, que é um dos critérios mais esperados de toda e qualquer ciência:

---

18 "Falsifiability would Demarcate Testable Statements as Scientific, Nontestable Statements as Metaphysical", citado em Malachi Haim Hacohen, *Karl Popper, The Formative Years, 1902–1945: Politics and Philosophy in Interwar Vienna*. Cambridge: Cambridge University Press, 2001, p. 23.

8. Popper e a pseudociência

A ideia simples de Popper não funciona. [...] A falseabilidade é tanto muito fraca quanto muito forte. É muito fraca porque permitiria considerar científicas várias afirmações que são testáveis em princípio, mas que não são, de forma alguma, científicas. É muito forte porque descartaria como não científica muitas das melhores teorias da história da ciência.[19]

A crítica de Popper foi refeita, em melhores bases, por Adolf Grünbaum em 1984[20] e respondida com dados experimentais por Howard Shevrin, mostrando que, sim, é possível falsear a hipótese do conflito inconsciente, particularmente em sintomas fóbicos, como trataremos mais à frente.[21] Portanto, a afirmação de que a "ausência de atitude falseacionista continua sendo replicada pelos psicanalistas na atualidade"[22] é desatualizada, genérica e falsa, apesar de partir de uma premissa verdadeira.

O ponto realmente grave na argumentação desse grupo é a completa ignorância de que a crítica de Popper foi rigorosamente refutada por Grünbaum no texto clássico de 1984, no qual ele demonstrou, contra Popper, a falseabilidade de muitas proposições centrais da psicanálise.[23] Sem discutir a fundo o conjunto das teses de Freud, como Grünbaum faz, e de seus continuadores, o que ele não faz, o preenchimento de critérios para pseudociência é profundamente arbitrário, com cada lado trazendo suas "cerejas" prediletas. Popper dizia que as pseudociências são doutrinas que se desviam consideravelmente dos critérios de qualidade científi-

19 J. A. Cover, Martin Curd, Christopher Pincock. *Philosophy of Science: The Central Issues*. New York: W. W. Norton, 1998, p. 63.
20 Cf. Adolf Grünbaum, *The Foundations of Psychoanalysis: A Philosophical Critique*. Berkeley: University of California Press, 1984.
21 P. Beer, op. cit.
22 R. Pilati, op. cit.
23 Esse texto de Grünbaum será retomado no capítulo "A crítica de Grünbaum", pp. 135-43.

cos, mas seus principais proponentes tentam criar a impressão de que elas são científicas. Hansson reviu os critérios popperianos, chegando aos seguintes indicadores:[24]

- Crença na autoridade.
- Experimentos irreplicáveis.
- Viés de confirmação.
- Desconsideração de resultados contrários.
- Indisposição para testagem.
- Criação de subterfúgios.
- Explicações abandonadas, sem substituição.

Qualquer um que conheça verdadeiramente psicanálise poderia atestar, com base nesses critérios, que ela passaria sem dificuldade na grande maioria desses critérios (caso houvesse consenso acerca dos próprios critérios!).

Surpreende na argumentação de nossos opositores que eles não sigam as regras que propõem para a avaliação de discursos alheios. Por exemplo, afirmam que a psicanálise foi abandonada como método terapêutico no resto do mundo e nos Estados Unidos,[25] sem apresentar nenhuma evidência corroborativa, quando se sabe, ao contrário, que a Alemanha, por exemplo, inclui a psicanálise entre as práticas psicoterapêuticas subsidiadas pelo Estado, que países em desenvolvimento aceitam cada vez mais a psicanálise como parte de suas estratégias em

---

24 Sven Ove Hansson, "Defining Pseudoscience and Science", in Massimo Pigliucci e Maarten Boudry (orgs.), *Philosophy of Pseudoscience: Reconsidering the Demarcation Problem*. Chicago: University of Chicago Press, 2013.

25 Stuart Vyse, "Nos Estados Unidos, a psicanálise foi abandonada pelos psicólogos". *Revista Questão de Ciência*, jul. 2020. Vyse é cientista comportamental e autor de *Superstition: A Very Short Introduction* (Oxford: Oxford University Press, 2020) e *Believing in Magic: The Psychology of Superstition* (Oxford: Oxford University Press, 2013).

8. Popper e a pseudociência

saúde mental[26] e que a formação de psicanalistas[27] cresce significativamente em quase todos os países europeus, segundo observado por um estudo comparativo sobre o período entre 1991 e 2020.[28] Carece de base empírica, portanto, a afirmação de que a psicanálise está presente apenas na França, na Argentina e no Brasil. Fazem associações constantes com outras práticas que deveriam ser eliminadas, como no artigo "A gourmetização da pseudociência", no qual até a mídia é chamada à condição de cúmplice: "A astrologia é um exemplo evidente de nova queridinha da mídia estilosa, e há ainda as pseudociências que já nasceram gourmetizadas e nunca desceram do salto alto, como a psicanálise".[29]

Nenhuma evidência, nem sequer uma notícia de jornal, apenas a ideia, mais uma vez, de que a psicanálise sobrevive graças aos incautos, aos protetores de crendices, mitos e enganadores de almas. E, depois, voltam o problema da segurança pública e o da saúde mental das pessoas, agora como consumidoras:

> Por exemplo, todo o tipo de escolha sobre estratégia terapêutica, visando a prevenção ou o tratamento da saúde [sic], deve ser baseado em evidências. Isso vale para a homeopatia, cromoterapia e as tantas outras práticas pseudocientíficas que ganham os "simpáticos" qualificativos de complementares e integrativas. Na verdade, esses

---

26 Saeed Shoja Shafti, "Practicing Psychoanalysis and Psychodynamic Psychotherapies in Developing Societies". *American Journal Psychotherapy*, v. 70, n. 3, 2016, pp. 329–42.

27 Ainda que seja absolutamente crucial um debate criterioso acerca do problema da formação do psicanalista.

28 Brian Martindale, "Changes in Psychoanalytic Therapy in Europe over Three Decades: Then and Now". *Psychoanalytic Psychotherapy*, v. 36, n. 4, 2022.

29 Carlos Orsi, "A gourmetização da pseudociência". *Revista Questão de Ciência*, maio 2021.

qualificativos escamoteiam o fato científico relevante de que tais práticas não possuem evidência empírica favorável de eficácia.[30]

São ideias trazidas sem qualquer evidência corroborativa. E quando são apresentadas inúmeras pesquisas, de diversos tipos, de ampla diversidade de fontes, com recorrente continuidade de resultados, isso é ignorado ou defletido com o argumento de que a qualidade das evidências não é boa. Ora, dizer que não há evidências é completamente diferente de dizer que existem evidências em contrário, o que, por sua vez, é completamente diferente de dizer que elas são fracas... segundo os critérios apresentados pelos próprios evidencialistas.

"Talvez o maior problema do movimento psicanalítico seja o autoalijamento do pensamento científico, ao longo desse mais de um século de história, ficando cada vez mais marginal à ciência,"[31] aponta Pilati. De fato, se existe um desinteresse da maior parte dos psicanalistas pelo debate com a ciência, isso é também atribuível à maneira pouco rigorosa e normativa como esse debate vem sendo conduzido por boa parte dos divulgadores científicos refratários à psicanálise, assemelhando-se mais a uma peça de marketing do que a uma verdadeira troca de argumentos. Mas isso parece depender do reconhecimento de que o pensamento falseável não é a única forma de pensamento crítico.

---

30 R. Pilati, op. cit.
31 Ibid.

8. Popper e a pseudociência

133

9. As biografias de Freud importam?

A ideia de que "acreditar" – como se fosse questão de crença – em qualquer aspecto da metapsicologia psicanalítica constituiria um perigo, porque promoveria a subscrição à totalidade do sistema à medida que o sujeito fosse aderindo às falsas evidências que encontraria com cada vez mais frequência, abre margem para a aproximação falaciosa entre psicanálise e religião – sendo que esta última é tida como sinônimo de superstições em geral, quando não charlatanismo, e também é rotulada como pseudociência. A falta de rigor e de atualidade dos argumentos piora ainda mais quando a lógica do preconceito começa a transparecer. É esse preconceito indiscriminado contra a psicanálise que transparece nos sucessivos artigos críticos à psicanálise publicados no site *Questão de Ciência*. É o caso de "Pseudociências e a tradição espírita no Brasil", de Carlos Orsi, um dos diretores do Instituto Questão de Ciência e coautor, com Natalia Pasternak, do livro *Que bobagem!*. Aqui, ele declara que "a grande penetração social do espiritismo na sociedade brasileira poderia facilitar a aceitação popular de ideias e práticas rejeitadas pela ciência".[1] Que o espiritismo "incorpora elementos derivados da teoria do magnetismo animal, do médico austríaco Franz Anton Mesmer (1734–1815)", desmascarado como pseudocientista no século XIX,

---

1 Carlos Orsi, "Pseudociências e a tradição espírita no Brasil". *Revista Questão de Ciência*, fev. 2021.

"do socialismo utópico, pré-marxista" e do princípio da reencarnação. Adolfo Bezerra de Menezes, o "Kardec brasileiro", que, segundo o site, teria sido a versão nacional de Freud,

> [...] funda uma psiquiatria de bases espíritas, reinterpretando o processo kardecista de "desobsessão" (para afastar espíritos maus) como psicoterapia. Assim como a psicanálise freudiana, a terapia de Menezes é uma "cura pela fala" baseada numa metafísica idiossincrática, mas com dois pacientes por vez: o doente e o espírito obsessor, que não é expulso, mas convencido a partir.[2]

A "conspiração do inconsciente", nas palavras de Orsi, envolve:

> [...] culpas, dores, memórias (e de um monte de outras coisas, dependendo da escola psicanalítica a que se adere) que nunca sequer notamos que existem [...]. Sinais dessa presença fantasmagórica afluiriam à consciência em sonhos, lapsos de linguagem, na livre associação de ideias, na produção artística e em outras manifestações mais ou menos acidentais.[3]

E é essa visão que leva o autor a concluir que "o empreendimento psicanalítico faz tanto sentido quanto hepatoscopia, a arte de prever o futuro examinando o fígado de animais sacrificados".[4] A quantidade de tolices preconceituosas acumuladas nessas declarações parece não ter fim. Freud nunca aproximou a psicanálise da religião, pelo contrário. A aproximação com o espiritismo, feita dessa maneira, é uma afronta típica de quem quer reunir coisas diferentes para dirigir preconceitos contra ambas. As pessoas são tratadas como ingênuas, incautas e acríticas diante de um retrato com este:

---

2   Ibid.
3   Id., "A conspiração do inconsciente". *Revista Questão de Ciência*, jun. 2020.
4   Ibid.

A partir do instante em que alguém aceita, como artigo de fé, a premissa de que o mundo é controlado por comunistas, marcianos ou pulsões inconscientes, instâncias confirmatórias e "provas cabais" começam a pulular por toda parte. Inferências baseadas em pareidolia (a tendência de interpretar estímulos vagos e aleatórios como tendo significado) e apofenia (tendência de enxergar conexões entre eventos independentes ou dados aleatórios) tomam conta do aparato intelectual.

Como um sistema baseado numa lógica tão pueril pode ter se tornado tão popular, por quase um século, e entre tantas pessoas cultas, educadas e inteligentes? Diríamos que não se deve subestimar a sedução exercida pelo *poder de psicanalisar*: quem possui as chaves do inconsciente é como um vidente em terra de cegos, um apóstolo entre os gentios. Alguém que conhece as pessoas muito melhor do que elas mesmas.[5]

Orsi é originalmente um jornalista e escritor de ficção científica sem formação na área clínica. Sua versão da psicanálise é de fato uma ficção, se não uma conspiração científica. Mas dizer isso não nos coloca diante do argumento de autoridade e da desqualificação da pessoa de nosso crítico, em vez da apreciação de suas ideias? O argumento de autoridade se estende a Natalia Pasternak, que parece entender de psicologia tanto quanto entendemos de física.

Concluem a lista dos pseudoargumentos contra a psicanálise as críticas ad hominem contra a pessoa de Freud, alardeadas pelo trabalho de Frederick Crews e Frank Cioffi, os mais indignos de seus biógrafos:

Ainda que a pesquisa de Freud não fosse, como é, toda baseada em fraudes, fabricações e distorções – a bibliografia a respeito é abundante, mas a obra de Frederick Crews é um ótimo ponto de partida –,

———
5   Ibid.

136   PARTE II

seus resultados não seriam fortes o bastante para estabelecer o que se alega: mesmo nos melhores momentos, a razão dado/especulação, tanto em Freud como em seus sucessores, é baixíssima.[6]

De todos os mais de trinta biógrafos de Freud, fossem eles contemporâneos ou posteriores, psicanalistas ou historiadores, nenhum deles é tão calunioso, tão pouco baseado em evidências quanto Crews. Não há como exemplificar melhor a estratégia conhecida como *"cherry picking"*[7] quanto escolher esse biógrafo como ponto de partida. Entre tantos outros disponíveis na floresta de biógrafos freudianos, esse é precisamente o objeto da referência, sem comentários, ponderações ou qualquer outro recurso de rigor quanto a justificação e fontes. Tudo se passa como se o único critério de ciência fosse o uso de experimentos randomizados com duplo-cego e placebo. Afora isso, a falta radical de rigor no trato de textos e conceitos parece se justificar, criando assim um desserviço que torna as ciências humanas inúteis, pois sua função seria apenas vigiar a presença de heurísticas, falácias e vieses de confirmação.[8] Toda a análise lógica de texto, crítica de conceitos e cuidado historiográfico ficam dispensados por essa versão econômica de ciência.

Um estudo crítico minucioso dessa biografia apontou que, nela, Freud é apresentado como um péssimo psicoterapeuta, insensível, dogmático, persecutório, com baixa formação científica, temeroso da própria bissexualidade, atraído pelo oculto e pela telepatia, sexista, emulador, rude, incapaz de perdoar,

---

6   C. Orsi, "A conspiração do inconsciente", op. cit., revisado e republicado em N. Pasternak e C. Orsi, *Que bobagem!*, op. cit., pp. 193-94.

7   Em tradução livre, "colher cerejas", corresponde ao que em português se conhece como "supressão de evidências" ou "evidência incompleta", a prática falaciosa de selecionar evidências de maneira fortemente enviesada, omitindo todas as fontes contrárias ao argumento que se está defendendo.

8   Ibid., p. 13.

9. As biografias de Freud importam?

tirano, beligerante e injusto. Teria forçado casos para que os pacientes parecessem mais curados do que realmente estavam. Teria mantido um casamento morto. Teria usado cocaína por mais tempo do que fez parecer. Seria alguém que adorava dinheiro e exagerava sucessos terapêuticos. Seria um mau cientista e um desviante sexual, para quem: "a promessa de poder sexual sobre uma jovem virgem era uma ilusão com a qual o asceticismo exigido pelo conhecimento não pode competir".[9] O suposto caso com sua cunhada, Minna Bernays, seria a "prova" de que essa atitude incompatível com o espírito científico perdurou na vida adulta de Freud.[10]

Mas os erros seguidos e acumulados que Crews comete em sua biografia são relevantes aqui porque se repetem ponto por ponto nas críticas do grupo do *Questão de Ciência* à psicanálise, a saber: tratam a teoria freudiana como uma teoria pronta desde o início, não revista ou modificada desde então; baseiam-se em material privado e não público, como cartas de amor e conduta pessoal; apoiam-se no relato anedótico e incriticado de Peter Swales e Frank Cioffi, sem corroboração de outros biógrafos; selecionam evidências nitidamente guiadas por uma teoria anterior arbitrária; confundem descrições com conceitos e fazem afirmações factualmente incorretas.

As alegações de Crews contra Freud foram fortemente criticadas pela maior parte dos biógrafos e historiadores especializados em psicanálise. Ainda que as ilações sem evidências fossem aceitas, a psicanálise não poderia ser desmascarada pelo caráter

---

9 Frederick C. Crews, *Freud: The Making of An Illusion*. Nova York: Metropolitan, 2017, p. 72.

10 "[...] possuir Minna, então, podia significar, primeiro, o compromisso simbólico com o incesto da mãe de Deus; segundo, matar o pai Deus e, consequentemente, um sacrilégio; terceiro, nulificar a autoridade da Áustria estabelecida pelo Vaticano – livrando, sem drama interno, as pessoas de uma perseguição milenar" (ibid., p. 632).

138   PARTE II

de Freud como pessoa. Crews dedica pouco mais de 5% de seu livro a toda a vida de Freud posterior a 1901. Argumenta que Freud era um trapaceiro, dissimulado, tal como demonstraria sua embaraçosa correspondência não expurgada com Wilhelm Fliess[11] e as *Brautbriefe* com Martha Bernays.[12] Fliess, seu herói, era péssima companhia intelectual. Ele criticava a masturbação e acreditava em cronobiologia, influências nasais e recapitulação genética. Para Crews, esse excesso de pseudobiologia fliessinana estaria em toda a psicanálise posterior de Freud.

Ao que tudo indica, Freud usou mais cocaína do que fez parecer e a administrou a pacientes e amigos – um deles teria sido levado ao suicídio por isso. Lembremos que, na época, a cocaína não era considerada uma droga ilegal; ao contrário, era produzida e comercializada pelas grandes farmacêuticas da época. Além disso, àquela altura, o mercúrio era usado contra a sífilis, Julius Wagner Jauret injetava malária para "curar a psicose", um pouco antes Antoine Dubois empregava ópio, Pierre Janet estricnina, Josef Breuer usava hidrato de cloral com Anna O. e Freud prescreveu morfina para Cecília von M. Mas, para Crews, a cocaína causou em Freud "falta de autocuidado, atitude desafiadora, obsessão sexual, impotência, impulsividade, hostilidade, paranoia e sonhos vívidos",[13] efeitos que não cessaram depois da descontinuação do uso.

Para Crews, Freud adorava dinheiro e, por isso, exagerava seus sucessos terapêuticos. Às vezes não tinha nenhum paciente.[14] Em 1896, tratou treze casos de histeria, o que seria muito pouco para generalizar sua teoria. Crews observa que Freud teria anotado em seu diário clínico: "minha sala de espera está vazia

---

11 Ibid., pp. 416-17.
12 Ibid., p. 43.
13 Cf. ibid., pp. 71, 73, 111-12, 214 e 460.
14 Ibid., pp. 326-27.

[...] não posso começar nenhum tratamento [...] e nenhum dos antigos está concluído"[15] (carta a Fliess). Contudo, em 21 de abril, ele afirma que a teoria da etiologia da histeria deriva de mais de cem horas de consultas, o que corresponderia a quinhentas horas de trabalho em dez semanas. O que Freud diz, de fato, é que ele acompanhou dezoito pacientes em cada caso, com mais ou menos cem horas de trabalho. Crews transforma essa disparidade em "uma fraude acadêmica". Mas seu argumento é desmentido pelo *livro dos pacientes de Freud* (1896-1899), atualmente disponível na Biblioteca do Congresso, que mostra que, nesse período, Freud viu sessenta pacientes por ano, em quinhentas sessões.

Para Crews, Freud era um mau cientista, "inadequadamente empiricista",[16] usava mal a "observação e experimentação",[17] incorreu em "materialismo doutrinário",[18] em "reducionismo mecanicista"[19] e recorreu à introspecção, que não é um método válido em psicologia. Ele não aderia "ao princípio da falseabilidade"[20] de Popper, daí a psicanálise ser, desde o início, uma "pseudociência".[21] À medida que o texto progride, encontramos mais e mais adivinhações de nosso biógrafo: "O que Freud não disse, mas claramente acreditava é que a entrevista psicanalítica é um processo de pensamento paranormal de transferência, desde o início".[22]

Para Crews, e apenas para ele entre todos os outros biógrafos, Freud era um desviante sexual. Segundo ele, Freud abandonou o hipnotismo, mas na verdade continuou a usá-lo, e desde o início já tinha uma teoria pronta. Sua biografia se baseia em material

---

15 Ibid.
16 Ibid., p. 29.
17 Ibid., p. 320.
18 Ibid., p. 625.
19 Ibid., p. 329.
20 Ibid., p. 451.
21 Ibid., p. 652.
22 Ibid., p. 654.

estritamente privado (cartas pessoais e cartas de amor) e apoia-se no relato de Swales, que não tem corroboração de outros autores. Também faz afirmações erradas, tais como: é impossível que uma vítima traumatizada de estupro incestuoso possa falhar em reconhecer a intenção de violência, ou ainda disparates como: "Impossível que um pai tenha ciúmes do filho com a mãe"[23] e: "Antes de 1875 não havia antissemitismo em Viena".[24]

Crews exagera nas generalizações ao dizer que "todas as psicanálises usam os mesmos instrumentos".[25] Toma casos isolados com regras ao dizer que "Freud abandonou pacientes por massagens".[26] Cria contradições inexistentes ao dizer que Freud "suprimiu a sexologia na qual se apoiou",[27] ou que ele teria dito que as "neuroses mistas são raras", ou ainda que ele "sabia quais pacientes haviam sido molestados e quais fantasiavam isso",[28] e conclui com a mentira ostensiva de que as "práticas homossexuais são abomináveis".[29] A conclusão do professor da Universidade de Notre Dame, Linus Recht, é que:

> A história de Crews depende de um certo número de apostas, mal-entendidos e mentiras, que historiadores poderão descobrir iluminando a carreira de Freud. Meu julgamento: muito do material sobre a cocaína é bom, a maior parte do restante é ruim, e alguma parte do material remanescente é tão ruim quanto o livro, no que ele pode ser.[30]

---

23 Ibid., p. 397.
24 Ibid.
25 Ibid.
26 Ibid., p. 245.
27 Ibid., p. 278.
28 Ibid., p. 512.
29 Ibid., p. 562.
30 L. Recht, op. cit., p. 337.

9. As biografias de Freud importam?

10. A crítica de Grünbaum

Nenhum dos autores mobilizados por nossos críticos é tão maltratado como Adolf Grünbaum. A crítica deste à argumentação de Freud[1] foi reduzida à seguinte consideração: "É obviamente circular e autovalidatório afirmar, como tentativa de refutação, que a análise da transferência impede confirmações espúrias ao garantir a emancipação do paciente em relação às expectativas do analista".[2]

Disso, Orsi e Pasternack concluem que:

1. Cada paciente tende a trazer o tipo de dado fenomenológico que confirma as interpretações e teorias do psicanalista.
2. O psicanalista sabe o que seu paciente, o povo ou a civilização está pensando melhor do que eles mesmos.
3. A transferência resume-se ao "suposto estado de dependência e submissão infantil do paciente ao psicanalista".[3]

Grünbaum é um sólido crítico da cientificidade da psicanálise, que se tornou célebre na década de 1980, principalmente depois

---

1 Nós nos apoiamos aqui no trabalho de Hugo Tannous Jorge, "A crítica de Grünbaum à psicanálise". *Eleutheria – Revista do Curso de Filosofia da* UFMS, v. 6, número especial, 2021.

2 A. Grünbaum apud N. Pastenark e C. Orsi, op. cit., p. 197.

3 Ibid., p. 196.

da publicação de sua robusta obra sobre os fundamentos da psicanálise freudiana.[4] O filósofo mostra, entre outras coisas, que a crítica popperiana à psicanálise é não apenas superficial, mas infundada. Demonstra ainda um conhecimento nada trivial do texto freudiano, mas não poupa a psicanálise de críticas severas. Segundo o autor, Paul Ricoeur e Jürgen Habermas entenderam equivocadamente que a psicanálise seria um tipo de hermenêutica, ou seja, uma teoria do significado. Ele entende que a psicanálise é antes de tudo uma psicoterapia, uma psicopatologia e subsidiariamente uma metapsicologia. Para ele, Freud teria proposto uma sofisticada metodologia científica. Sua crítica principal é contra a ideia de que o método clínico da psicanálise, baseado na associação livre, seria *o único* capaz de reverter sintomas neuróticos.

Mas, no uso que Orsi e Pasternak fazem de Grünbaum, quando psicanalistas leem Freud, fazem-no porque cultivam sua autoridade pessoal, e não porque ele apresenta ideias úteis. Quando encontram emprego para a hipótese do inconsciente, é porque estão tomados por um viés de confirmação. Quando psicanalistas recorrem a provas extraclínicas, estão apenas tentando imitar a ciência e não verdadeiramente seguir seus critérios. Quando se cansam da ciência, não é porque ela se distancia demais de seu estilo de raciocínio, mas porque são obscurantistas. Quando dizem que a situação de tratamento é um homólogo de uma situação experimental, sem mensuração, estão mimetizando a ciência. Quando abandonam ideias antigas, é porque elas saíram de moda, não porque já não respondem à realidade prática.

---

4   A. Grünbaum, *The Foundations of Psychoanalysis: A Philosophical Critique*. Berkeley, CA: University of California Press, 1984. Cerca de dez anos depois, o autor publicaria ainda outro estudo, intitulado *Validation in the Clinical Theory of Psychoanalysis, A Study in the Philosophy of Psychoanalysis*. Madison, CT: International Universities Press.

Grünbaum é sobretudo um crítico leal a Freud e à sua psicanálise. Ele admite, contra Popper, que Freud estava aberto a ver seus conceitos e hipóteses refutados,[5] mas falhou em mostrar que a psicanálise é uma ciência e não apenas uma prática social de redução do sofrimento.[6] Ainda que a maior parte das teses freudianas resista à crítica.[7] Grünbaum mostrou como a psicanálise comporta refutabilidade:[8] por exemplo, a teoria freudiana da paranoia seria refutável. Mas ele também admite a fragilidade metodológica de formulações teóricas baseadas em casos clínicos.[9] Para ele, o status científico da psicanálise ainda não foi estabelecido e sua obra não é um ataque à psicanálise, mas uma convocação para a produção de evidências extraclínicas.[10] Dois pontos, no entanto, passam ao largo da crítica de Grünbaum: a consistência das categorias psicopatológicas sobre as quais se orienta a psicanálise, e também a possibilidade de que novos estudos pudessem verificar sua eficácia clínica e a consistência de alguns de seus conceitos, mas não de outros. Em suma, Grünbaum, ao contrário de Orsi e Pasternak, não estabelece juízos massivos, globais e definitivos sobre a psicanálise.

---

5 Mark A. Notturno e Paul R. McHugh, "Is Freudian Psychoanalytic Theory Really Falsifiable?". *Metaphilosophy*, v. 18, n. 3/4, 1987, pp. 306-20.

6 Owen Flanagan, "Psychoanalysis as a Social Activity". *Behavioral and Brain Sciences*, 1986, n. 9, v. 2, pp. 238-39.

7 Michael Billig, *Freudian Repression: Conversation Creating the Unconscious*. Cambridge: Cambridge University Press, 1999.

8 John Forrester, "Hardly: *The Foundations of Psychoanalysis: A Philosophical Critique*. Adolf Grünbaum". *Isis*, v. 77, n. 4, 1986, pp. 670-74.

9 Stephen H. Richmond, "Psychoanalysis as Applied Aesthetics". *The Psychoanalysis Quarterly*, v. 85, n. 3, 2016, pp. 589-631.

10 Virginia C. Barry e Charles Fisher, "Research on the Relation of Psychoanalysis and Neuroscience: Clinical Meaning and Empirical Science". *Journal of the American Psychoanalytic Association*, v. 62, n. 6, 2014, pp. 1087-96.

A crítica de Grünbaum é mais poderosa que a de Popper porque incide em três frentes diferentes:

1. Faltariam à psicanálise evidências de sua eficácia como psico-terapia.
2. Faltariam à psicanálise evidências extraclínicas que pudessem corroborar seus achados e suas hipóteses.
3. A descrição, explicação e argumentação psicanalítica sobre como acontece a transformação dos sintomas, a partir das intervenções do psicanalista, seria logicamente contraditória e inconsistente.

Tenhamos em mente que, aqui, Grünbaum se apoia na bibliografia disponível nos anos 1970-80[11] e que o quadro muda substancialmente a partir das pesquisas dos anos 2000, quando emerge um cenário com outros resultados, mais favoráveis à psicanálise. Além disso, sua crítica limita-se à psicanálise freudiana, desconsiderando inteiramente a reformulação desses próprios fundamentos por Jacques Lacan.

Como Grünbaum desconstrói o núcleo lógico da argumentação psicanalítica? Segundo ele, Freud teria se deixado levar pela ilusão neurótica ou pelo autoengano do paciente, incluindo esses vieses no tratamento, sob a forma do conceito de transferência e tornando-o indistinto da sugestão e da influência. Se as referências aos processos mentais neuróticos que estão espalhadas nas

---

11 Mary Lee Smith, Gene V. Glass e Thomas I. Miller, *The Benefits of Psychotherapy*. Baltimore: John Hopkins University Press, 1980; G. Terence Wilson e Stanley J. Rachman, "Meta-Analysis and the Evaluation of Psychotherapy Outcome: Limitations and Liabilities". *Journal of Consulting and Clinical Psychology*, v. 51, n. 1, 1983, pp. 54-64; Hans H. Strupp e Suzanne W. Hadley, "A Tripartite Model of Mental Health and Therapeutic Outcomes: With Special Reference to Negative Effects in Psychotherapy". *American Psychologist*, v. 32, n. 3, 1977, pp. 187-96.

10. A crítica de Grünbaum

obras de Freud fossem reunidas, o resultado seria um catálogo de indicadores, cujo desaparecimento no curso do tratamento confirmaria a correção das afirmações psicanalíticas sobre as causas da neurose.[12]

"Mas quem poderá garantir que as curas em psicanálise e em outras psicoterapias não seriam apenas efeitos de placebo? Ou até mesmo que muitas psicoterapias teriam sido desenhadas justamente para esse fim?" Observemos que remeter os efeitos terapêuticos da psicanálise ao efeito placebo não é de grande utilidade a não ser que se consiga explicar, entender e justificar como o efeito placebo funciona. O estudo minucioso dos relatos de casos clínicos mostraria, segundo Grünbaum, que é bastante provável que a sugestão cognitiva seja nela habitualmente promovida. Analistas, assim como psicoterapeutas e médicos em geral, tendem a não perceber os efeitos iatrogênicos de suas práticas. Não levam em consideração sua invasividade seletiva em relação às associações do paciente, ou seu aplainamento narrativo dos fatos segundo estruturas preconcebidas. Sua apreciação e aprovação seletiva de certas manifestações, em detrimento de outras, são tão sutis que o resultado da incorporação pelo analisante torna-se igualmente imperceptível. Analistas parecem promover efeitos de expectativa no paciente e, de qualquer forma, eles nunca desenvolveram um dispositivo de testagem para descartar a possibilidade de que esses efeitos ocorram. Isso implica que os dados primários da psicanálise clínica não são confiáveis ou fidedignos, e que sua testagem de hipóteses pode ser inautêntica.

Mesmo que suponhamos que as evidências sejam confiáveis, a prática documentada da psicanálise indica que suas inferências clínicas são fracas, ou seja, que suas conclusões não se seguem

---

12 Michael T. Michael, "Psychoanalytic Proof: Revisiting Freud's Tally Argument". *The International Journal of Psychoanalysis*, v. 104, n. 2, 2023, pp. 331-55.

146   PARTE II

logicamente dos dados discursivos disponíveis. Essas inferências exibem a falácia do *post hoc ergo propter hoc* (depois disso, logo por causa disso, em tradução livre) – no caso, a falácia de que "se a cura é posterior à análise, logo a cura foi causada por ela" –, a falácia da afinidade temática – a confusão entre similaridade e causalidade, e um viés de amostragem –, pois todo e qualquer grupo teste composto de pacientes que fazem análise já é uma amostra de conveniência.

Sua principal e mais conhecida crítica ao tipo de argumentação levado a cabo por Freud sustenta-se na seguinte passagem:

> A solução de seus conflitos e a superação de suas resistências só têm êxito quando lhe transmitimos ideias antecipatórias que correspondem [*übereinstimmen, tally*] à sua realidade interior. As suposições incorretas do médico acabam sendo excluídas no curso da análise, precisam ser retiradas e ser substituídas por outras, mais corretas.[13]

Interpretando literalmente o dito de Freud, Grünbaum reúne esses dois argumentos sob a rubrica do que chama de "condições necessárias para a causalidade". Nas palavras do autor,

> 1) Apenas o método psicanalítico de interpretação e tratamento pode oferecer ou mediar ao paciente um *insight* correto acerca dos patógenos inconscientes de sua psiconeurose 2) o *insight* correto do analisando sobre a etiologia de seu sofrimento e a dinâmica inconsciente de sua personalidade são causalmente necessários para a conquista terapêutica de sua neurose.[14]

---

13 S. Freud, *Conferências introdutórias à psicanálise* [1916–17], in *Obras completas*, v. 13, trad. Sérgio Tellaroli. São Paulo: Companhia das Letras, 2014, p. 599, apud A. Grünbaum op. cit., p. 138.
14 A. Grünbaum, *The Foundations of Psychoanalysis*, op. cit., p. 139.

10. A crítica de Grünbaum   147

Se isso é correto, todos os dados clínicos seriam suspeitos e a prática como um todo padeceria do que Grünbaum chama de consiliência,[15] ou seja, estaríamos mais uma vez sob a sombra do argumento "cara eu ganho, coroa você perde", que foi abordado, em outra chave, no início deste livro. A teoria da prova em psicanálise passaria pelo assentimento verbal dos pacientes, ou pela confirmação indireta, verificada pela emergência de novas lembranças "confirmadoras". Essa seria a base da defesa freudiana da interpretação. Para Grünbaum, isso não poderia ser usado como prova, mas apenas como indício de indução ao *poor-storytelling* (uma pobre contação de histórias). No fundo a consiliência nos leva de volta ao problema genérico da sugestão do qual nem Freud nem as psicoterapias posteriores teriam se livrado.

Grünbaum "influenciou implícita ou explicitamente" a divisão da comunidade psicanalítica em "duas culturas radicalmente diferentes em relação à natureza e ao papel da pesquisa empírica em psicanálise".[16] Uma cultura sustenta que a pesquisa em psicanálise deveria se restringir ao antigo método de estudo de caso e a outra argumenta que o método clínico não satisfaz os cânones da ciência, logo a pesquisa em psicanálise deveria voltar-se para a realização de experimentos e quase experimentos.

O ponto forte da crítica de Grünbaum é que a solução dos conflitos e a superação das resistências *só têm êxito* quando transmitimos ao paciente ideias antecipatórias que *correspondem* à sua realidade interior.

Se isso estiver correto, a relação causal entre o *insight* veraz e a resposta terapêutica do paciente sobre a dinâmica de sua personalidade e de seu sofrimento neurótico seria condição *neces-*

---

15 A consiliência de induções ocorre quando uma indução obtida de uma classe de fatos coincide com a indução obtida de outra classe. Assim, consiliência é um teste da verdade dentro da teoria em que ela ocorre.

16 H. Tannous Jorge, op. cit. p. 255.

sária para o alívio desse sofrimento. Se tais alegações fossem verdadeiras, as interpretações enunciadas pelo analista também seriam. A correspondência entre a realidade interior do paciente e a realidade proposta pela interpretação estaria não apenas na raiz do método analítico, mas no fulcro de sua concepção de cura.

Contudo, na opinião de Grünbaum, toda essa argumentação é frágil. Ao tomar o critério de que o *insight* do paciente sobre a etiologia de sua neurose seria condição necessária e até mesmo suficiente para a cura, Freud teria cometido um grave erro. O fundador da psicanálise teria fracassado "em estabelecer a verdade de sua conclusão mesmo que, de fato, sua conclusão seja veraz".[17]

Parte considerável do argumento de Grünbaum baseia-se na tradução do termo *"übereinstimmen"* por *"tally"* na passagem citada acima. No latim, *"talia"* significa "ramo" ou "galho". Também significa uma simples vara de madeira com cortes transversais sobre uma de suas laterais para representar um montante de dinheiro devido ou recebido. A vara era dividida longitudinalmente em duas partes para que cada um dos interessados recebesse uma. Juntas, as duas metades, ou duas partes são formadas pelo que diz o analisante e o que quase pensa o analista

O trecho original de Freud diz o seguinte: *"Erwartungsvorstellungen [...] die mit der Wirklichkeit in ihm übereinstimmen* ("ideias antecipatórias que correspondem à sua realidade interior").[18] Como observa Hugo Tannous,[19] a tradução do verbo alemão *"übereinstimmen"* ("concordar", "estar conforme", "conjugar-se") por *"tally"* não é perfeita. O verbo *"stimmen"* significa "afinar", "estar certo", "estar conforme", e o substantivo *"Stimme"* é voz.

---

17 A. Grünbaum, op. cit., p. 31.

18 S. Freud, *Conferências introdutórias à psicanálise (1916–1917)*, in *Obras completas*, v. 13, trad. Sergio Tellaroli. São Paulo: Companhia das Letras, 2014, p. 599.

19 H. Tannous Jorge, op. cit., p. 270.

O prefixo *"über"* intensifica *"ein"*, que tem a conotação de "para dentro", sugerindo, com *"stimmen"*, uma aproximação e não uma identificação perfeita entre o que fala o psicanalista e o que pensa o analisante.

Grünbaum parece desconsiderar o campo semântico que distingue claramente a *sugestão (Überlistung)* como imposição, logro ou engano elaborado por outrem a uma consciência passiva, do *convencimento (Überredung)* como luta entre debatedores. O problema não é trivial e está no centro da argumentação de Immanuel Kant sobre o que se deve esperar de um sujeito capaz de usar a razão em sentido crítico, em estado de maioridade e emancipação. Afora isso, é preciso levar em conta a diferença entre *tradução (Übersetzung)*, como compreensão das ideias alheias, e formação de uma *convicção (Überzeugung)*, que é o termo empregado por Freud quando se trata do efeito de interpretação. *Überzeugung* não é redutível à ideia de que o psicanalista seria uma espécie de leitor de mentes ou influenciador, muito menos de que a interpretação cria uma correspondência, mas está mais de acordo com a ideia de que o processo transformativo depende de uma espécie de autoelaboração, nunca de uma identificação qualquer com o que diz o psicanalista.

11. É possível validar experimentalmente hipóteses psicanalíticas?

Resta-nos agora enfrentar a crítica de que a psicanálise não consegue oferecer argumentos extraclínicos para suas hipóteses. Acompanhemos rapidamente a retomada feita por Paulo Beer[1] da controvérsia entre Grünbaum e os grupos liderados pelo psicanalista norte-americano Howard Shevrin. Em uma série de experimentos levados a cabo desde 1968, Shevrin e diversos colaboradores buscaram validar hipóteses e teorias psicanalíticas, utilizando diferentes técnicas e obtendo resultados com variados graus de sucesso. O dissenso entre Grünbaum e Shevrin atravessou longos anos até culminar com o convencimento do primeiro pelo segundo. Shevrin considerava Grünbaum um dos críticos "mais mordazes"[2] de Freud, exatamente porque exigia argumentos extraclínicos, a fim de evitar o mencionado problema da circularidade.

Mas a saga de Shevrin com vistas a produzir evidências experimentais de hipóteses e teorias psicanalíticas começa muito antes das controvérsias com Grünbaum. Em 1961, Shevrin e Lester Luborsky publicaram um estudo pioneiro, intitulado "A

---

1 P. Beer, op. cit.
2 Howard Shevrin et al. "Subliminal Unconscious Conflict Alpha Power Inhibits Supraliminal Conscious Symptom Experience". *Frontiers in Human Neuroscience*, v. 7, set. 2013, p. 544.

técnica rébus",[3] em que procuravam investigar transformações do processo psíquico primário a partir de imagens apresentadas. Os pesquisadores buscavam mostrar que estímulos incidentais poderiam ser desencadeados a partir de imagens apresentadas em curtíssimos intervalos de tempo. Associações supervenientes derivadas da perda do caráter referencial das imagens apresentadas seriam indicações da atuação de mecanismos de deslocamento, condensação e fusão homólogos aos descritos por Freud ao abordar sonhos. Nesse caso, por exemplo, o indivíduo poderia evocar um "carro" ou um "carrinho de mão" depois de apresentada subliminarmente a imagem de um "caminhão". Os resultados pareciam magros em relação à pretensão epistêmica. Alguns anos mais tarde, Shevrin e Dean Fritzler[4] publicaram um segundo estudo, mais bem desenhado, na prestigiosa revista *Science*, onde buscavam correlacionar processos inconscientes ligados a nomes e estímulos visuais subliminares.

Depois desses estudos, foram publicados resultados de pesquisas experimentais conduzidas por Shevrin em colaboração com diferentes equipes em 1992, 2010 e 2013. Esses estudos são o palco do debate acirrado entre o crítico e o psicanalista. Ao longo de anos, Grünbaum e Shevrin trocaram cartas debatendo supostas inconsistências nos experimentos, especialmente ligadas à aparente impossibilidade de inferir relações causais entre conflitos inconscientes e experiências conscientes desses mesmos sintomas.[5]

O mais robusto estudo, que teria finalmente convencido Grünbaum, foi publicado em 2013 e engloba um método tripar-

---

3   H. Shevrin e L. Luborsky, "The Rebus Technique: A Method for Studying Primary-Process Transformations of Briefly Exposed Pictures". *Journal of Nervous and Mental Disease*, v. 133, pp. 479-88.

4   H. Shevrin e D. E. Fritzler, "Visual Evoked Response Correlates of Unconscious Mental Processes". *Science*, dez. 1968, v. 161, pp. 295-98.

5   P. Beer, op. cit., p. 155

tite, que procurava integrar hipóteses psicodinâmicas a processos cognitivos subliminares e medidas psicofisiológicas de ondas alfa. O objetivo era fornecer evidências empíricas independentes a fim de validar constructos teóricos tais como conflitos inconscientes e repressão.[6]

Em linhas gerais o estudo foi desenhado da seguinte maneira. Foram selecionados pacientes diagnosticados com fobia social. Na fase inicial, onze pacientes foram avaliados por quatro juízes independentes, com formação psicanalítica, que selecionaram para cada paciente três diferentes grupos de palavras: 1) palavras ligadas a conflitos inconscientes; 2) palavras ligadas à experiência consciente dos sintomas; 3) palavras com valência semântica negativa como grupo controle. Palavras ligadas a sintomas conscientes e palavras associadas a conflitos inconscientes foram apresentadas supra e subliminarmente, utilizando um modelo conhecido nos estudos linguísticos como "*priming*" (algo como "pré-ativação"). Todas as palavras foram equacionadas em termos de duração e frequência de exposição.

As palavras ligadas a conflitos inconscientes foram selecionadas individualmente, o que ajuda a explicar o pequeno número de participantes. Segundo os próprios autores, a maior inovação metodológica do estudo foi a capacidade de mostrar que "inferências extraídas de material clínico psicanalítico inteiramente qualitativo podem ser testadas por processos cerebrais objetivamente mensuráveis, de modo que o que é finalmente demonstrado é uma função comum subjacente entre processos psicodinâmicos e cerebrais".[7]

As respostas cerebrais eram mais significativas quando as palavras-chave eram ligadas a conflitos inconscientes, mas apresentadas de forma apenas subliminar. Por outro lado, quando as

---

6   Shevrin et al., op. cit.
7   Ibid., p. 5

palavras eram apresentadas de modo direto e supraliminar, era o grupo consciente de sintomas que apresentava maior responsividade. Disso se concluiu que a repressão inibitória de conflitos inconscientes ocorreria mais facilmente quando a palavra é apresentada de modo subliminar do que quando ela é apresentada de maneira direta, ostensivamente isolada de contexto.

Substituindo as medidas de "duração, intensidade e potência" que haviam sido utilizadas nos estudos anteriores – e cujas inconsistências Grünbaum havia detectado – por medidas de potência de atividade cerebral alfa, tomadas como marcadores da atuação de mecanismos de inibição, os autores deram alguns passos importantes. Na redescrição proposta por Beer, esse experimento buscava:

1. Inferir, a partir da clínica, que um conflito causa um distúrbio neurótico específico.
2. Demonstrar que, somente quando ativado subliminarmente, o conflito produz uma resposta inibidora no sintoma consciente.
3. Mostrar que os mesmos estímulos não funcionam desse modo se apresentados de modo supraliminar.
4. Mostrar que a inibição não age sobre outros comportamentos que não aqueles dos distúrbios conscientes.[8]

Os resultados do estudo parecem fornecer um "modelo neurológico para a repressão dinâmica", ativada em determinadas situações experimentais controladas. Segundo os autores, "essas novas descobertas constituem evidências neurocientíficas para os conceitos psicanalíticos de conflito e repressão inconscientes, ao mesmo tempo que estendem a teoria e os métodos da neurociência ao domínio do significado psicológico pessoal".[9]

---

8 P. Beer, op. cit, pp. 156–57,
9 H. Shevrin et al., op. cit., p. 1.

Nesse sentido, vale a pena lembrar que o próprio Grünbaum costumava atribuir impossibilidade de verificação da noção de repressão de afetos ou recalcamento de ideias à inconsistência alegadamente insuperável dos fundamentos da psicanálise, o que arriscaria invalidar a própria psicanálise como um todo. Nesse sentido, conforme sustenta Beer, "o estudo de Shevrin não somente demonstra o mecanismo, mas desarma uma crítica de grande profundidade".[10]

Desta feita, o próprio Grünbaum teria declarado: "estou satisfeito",[11] estabelecendo um consenso sobre a validação empírica e extraclínica de algumas hipóteses fundamentais da psicanálise. Um grupo de palavras, quando apresentado de certa maneira, em contexto relacional, mas não projetado aleatoriamente, produz determinado tipo de alteração de ondas cerebrais. Haveria evidências compatíveis com a hipótese de mecanismos inconscientes de natureza inibitória atuando diferentemente de acordo com a apresentação subliminar ou supraliminar de grupos de palavras associados a fobias. Mas podemos ir além: seria possível não apenas compatibilizar hipóteses psicanalíticas e mecanismos neuronais conhecidos, mas mostrar que "o pensamento psicanalítico oferece inferências causais que um experimento neurocientífico sozinho não poderia estabelecer".[12] O caso em questão mostra como críticas à psicanálise podem ser bem-vindas e produzir estudos relevantes, desde que feitas com responsabilidade e apoiadas em referências atualizadas e à altura do debate epistemológico contemporâneo. Dois adversários históricos se dão por satisfeitos, depois de duas décadas de embates.

O argumento experimental extraclínico de Shevrin é apenas um caso pioneiro. Poderíamos remeter o leitor a uma série de

---

10 P. Beer, op. cit., p. 164.
11 Ibid., p. 162.
12 Ibid., p. 163.

outros casos análogos,[13] mais recentes, como os elencados pelo psicanalista Mario Eduardo Costa Pereira em seu debate direto com Carlos Orsi.[14]

Vemos assim que, diante das críticas de Grünbaum, nas quais Orsi e Pasternak se apoiam:

1. A psicanálise apresenta, sim, evidências extraclínicas que podem corroborar seus achados e suas hipóteses.

2. A descrição, explicação e argumentação psicanalítica sobre como acontece a transformação dos sintomas, a partir das intervenções do psicanalista, depende de uma controvérsia textual. Assim como seria importante formar consensos mais objetivos sobre as transformações operadas pela psicanálise, seria necessário verificar se o retrato da ação interpretativa feito por Grünbaum é aprovado de modo consensual pelos psicanalistas, o que aparentemente está muito longe da verdade.[15]

3. O fato de que o procedimento interpretativo da psicanálise possa não ser "o único" meio eficaz contra a neurose não afeta a cientificidade da psicanálise como tal, nem prejudica o fato de que ela pode ser uma entre outras estratégias terapêuticas eficazes.

Faltaria então enfrentar a crítica contra a ausência de eficácia verificável da psicanálise como psicoterapia, e a crítica de que sua eficácia reduz-se ao efeito placebo,[16] o que veremos nos próximos capítulos.

---

13 Por exemplo, L. M. Possati, "Algorithmic Unconscious: Why Psychoanalysis Helps in Understanding AI". *Palgrave Commun*, v. 6, 2020.

14 Ver programa *Analisa*, TV Unicamp, online.

15 J. Forrester, op. cit.

16 A. Grünbaum, *Validation in the Clinical Theory of Psychoanalysis: A Study in the Philosophy of Psychoanalysis*. International Universities Press, 1993.

12. Psicologia Baseada em Evidências

Medicina Baseada em Evidências (MBE) é um movimento surgido nos anos 1960 nos Estados Unidos e popularizado pelo pesquisador inglês Archie Cochrane a partir do livro *Effectiveness and Efficiency: Random Reflections on Health Services*, de 1972,[1] e da organização Cochrane Collaboration. A MBE procura organizar as decisões clínicas em torno do bom uso de evidências científicas disponíveis, transladando a aplicação de resultados da pesquisa para a prática médica. O movimento valeu-se de técnicas oriundas da matemática e da estatística e ganhou novo impulso a partir da digitalização da produção científica, que lhe permitiu coligir e comparar dados de pesquisas individuais e estabelecer parâmetros de força e validade para as evidências, incrementando metanálises, revisões sistemáticas, experimentos clínicos aleatorizados e controlados e estudos naturalísticos populacionais.

O paradigma da MBE é amplamente aceito como dispositivo modernizador da medicina e integra três referências básicas para o exercício do método: 1) a melhor evidência científica disponível para a situação; 2) a posição do paciente; 3) a experiência clínica do encarregado.

Em tese, o cálculo de benefícios minimiza custos financeiros, maximiza a "qualidade de vida do paciente" e disciplina decisões

---

1   Archie Cochrane, *Effectiveness and Efficiency: Random Reflections on Health Services*. London: Nuffield Provincial Hospitals Trust, 1972.

num contexto de crescente aumento de complexidade dos tratamentos e diagnósticos. Protocolos são firmados sobre experimentos baseados em certos critérios de evidência tendentes à redução do risco: por exemplo, resultados com seres humanos têm precedência sobre estudos com animais, pesquisas com uso de duplo-cego têm precedência sobre casos clínicos. Na prática institucional, isso cria uma situação na qual o clínico pode ou não seguir as recomendações, mas sua não obediência pode ter consequências jurídicas pelo risco que virtualmente representa para si ou para o hospital.

A MBE ganhou terreno com a expansão global do neoliberalismo, integrando tratamentos e seguros saúde ao sistema de gestão do sofrimento ao aplicar princípios como redução de custos, austeridade, avaliação permanente e usuário considerado cliente. Faz parte da política de distribuição de riscos tanto a observação do critério supostamente objetivável da *qualidade de vida* quanto o valor ponderado da decisão do paciente. Um dos crivos mais importantes para avaliar o delineamento de pesquisas segundo os parâmetros da MBE é a estratégia Pico: *Patient* (paciente, população ou problema), *Intervention* (intervenção, indicação ou interesse), *Comparison* (comparação ou controle) e *Outcome* (desfecho, resultado esperado ou efetividade).

Em um dos inúmeros textos sobre como aprender e ensinar MBE, encontramos um exemplo aplicado ao tratamento de uma doença cardíaca em que alternativas de conduta implicam escolher maior ou menor custo versus maior risco de derrame, mas também ponderando que, por exemplo, "o paciente tem horror à ideia de ter um derrame". Dessa maneira, as melhores práticas permitiram certa humanização nos tratamentos, dando "lugar e voz ao paciente como agente de seu tratamento" e garantindo mais visibilidade a áreas críticas, como transplantes, eutanásia, cuidados paliativos e afecções genéticas ou crônicas. A preocupação com a bioética também cresceu: surgiram conceitos para o funcionamento de comitês de ética. Mas entre ciência e tecnologia não há extensionalidade perfeita: o grão de areia representado pela contingência está sempre a separá-las definitivamente.

Nos anos 1990, o sucesso do conceito permitiu que ele fosse derivado para outras áreas como modelo de gestão em educação, políticas públicas e odontologia. Entendia-se que tais áreas podiam separar boas e más práticas a partir da adaptação dos meios, métodos e certificações propugnados pela MBE. No Brasil, em um processo análogo, contando com o auxílio de biblioteconomistas, a MBE inspirou uma proposta um pouco diferente, a Psicologia Baseada em Evidências (PBE),[2] que procurava tornar mais responsáveis as decisões epistêmicas dos psicólogos. No entanto, a translação para intervenções psicoterapêuticas de estratégias como a Pico pode deixar muito a desejar. Muitas vezes não se sabe ou não se pode discriminar bem qual é a intervenção e qual é o elemento realmente terapêutico ou transformador envolvido na intervenção. Também a definição do público ou do paciente pode ser muito menos diacrítica do que a especificação diagnóstica em medicina. Descobertas e ferramentas científicas são extremamente detalhadas e precisas quando se trata de dosagens ou técnicas cirúrgicas, mas podem se tornar bastante incertas quando envolvem, por exemplo, interpretações, leituras e atribuições subjetivas feitas pela própria pessoa sobre seus sintomas. Além disso, técnicas científicas não devem ser tratadas de maneira dogmática e é possível que métodos que parecem apropriados hoje sejam totalmente abandonados, dando lugar a novas práticas mais bem fundamentadas no futuro.

---

2   Maria Imaculada Cardoso, Zoqui Paulovic Sabadini e Aparecida Angélica, "Psicologia Baseada em Evidências: conhecimento científico na tomada de decisão". *Revista Costarricense de Psicología*, v. 33, n. 2, 2014, pp. 109-21.

Mas aqui se percebe o deslocamento do conceito de *práticas baseadas em evidências*, que em tese deveriam ocorrer transversalmente em todas as formas de psicoterapia, para *psicologia baseada em evidências*, como se esta fosse um novo tipo de psicologia, autônoma e independente, à qual se reservam e na qual se identificam boas práticas. Vem então o tema securitário: se escolhemos uma abordagem que não tem evidências suficientes de eficácia, assumimos um risco significativo de prejudicar alguém que decidiu confiar em nós. Nesse contexto, Sven Ove Hansson foi mobilizado como um novo Popper, mas com uma diferença substancial: enquanto o autor de *A sociedade aberta e seus inimigos*[3] fazia teoria social sob influência direta e pessoal de um dos próceres do neoliberalismo, Friedrich Hayek, seu similar sueco trabalhava como assessor do governo para questões como risco ambiental, contaminação tóxica e risco jurídico de tomadas de decisão. Daí sua preocupação tanto com a pseudociência quanto com o uso da pseudotecnologia, inclusive em tomadas de decisão. Em seu livro *Defining Pseudoscience and Science* [Definindo pseudociência e ciência], Hansson afirma:

> Ciência (no sentido ampliado) é a prática que nos provê com as afirmações mais confiáveis (i.e., epistemicamente justificadas) que podem ser feitas, em um determinado momento, sobre um objeto de estudos abarcado por uma comunidade de disciplinas de conhecimento (i.e., sobre a natureza, nós mesmos como seres humanos, nossas sociedades, nossas construções físicas, e nossas construções mentais).[4]

---

3 Karl Popper, *A sociedade aberta e seus inimigos*, trad. Milton Amado. São Paulo/ Belo Horizonte: Edusp/ Itatiaia, 1974.

4 Sven Ove Hansson, "Defining Pseudoscience and Science", in Massimo Pigliucci e Maarten Boudry (orgs.), *Philosophy of Pseudoscience: Reconsidering the Demarcation Problem*. Chicago: University of Chicago Press, 2013, p. 70.

Mas o salto, se não o tropeço, da medicina para a psicologia é enorme. A noção de evidência não é a mesma, a confiabilidade média das pesquisas apresenta uma diferença substancial: por exemplo, uma revisão da literatura de metanálises realizada em 2017 apontou que apenas 7% dos estudos sobre eficácia de psicoterapias são capazes de fornecer evidências convincentes.[5] Para tratamentos fundados na fala e na escuta, não é nada simples desenhar experimentos que atendam a exigências como replicação e reprodutibilidade, ainda mais quando estamos interessados não apenas na dimensão simbólica das palavras mas também em suas ressonâncias corporais e singulares. O próprio diagnóstico de doenças não pode ser comparado com a fidedignidade das avaliações de transtornos mentais.

A premissa de que diferentes abordagens terapêuticas podem ser comparadas, sobretudo quando a comparação não é puramente exploratória, mas tem o fim de estabelecer a preponderância de uma abordagem sobre a outra, é, em si, altamente contestável. Na psicologia, há grande diferença entre comparar comportamentos e comparar o uso da linguagem. A função do conceito de placebo é diferente. Há métodos para produzir, controlar e comparar diferenças, mas eles pertencem ao paradigma antropológico, como as etnografias, ou linguístico, como as análises de discursos. A análise categorial de linguagem por conteúdo é uma abordagem entre outras, e quando a privilegiamos, porque é mais comensurável com os métodos da medicina, hierarquizamos indiretamente as linhagens psicológicas por afinidade metodológica, não por validade intrínseca.

Há formas de lidar com evidências que não provêm da experimentação, mas da observação comparada – por exemplo, a teoria

---

5 Elena Dragioti et al., "Does Psychotherapy Work? An Umbrella Review of Meta-Analyses of Randomized Controlled Trials". *Acta Psychiatrica Scandinavica*, v. 136, n. 3, 2017, pp. 236-46.

12. Psicologia Baseada em Evidências

de Charles Darwin sobre a evolução das espécies. Argumentar que não há descontinuidade de método entre ciências naturais e ciências humanas, como se isso fosse um consenso e uma evidência em si, parece ser um caso não previsto de dogmatismo na concepção de ciência:

> Essa descontinuidade é contraproducente e geradora de pesquisadores impedidos de compreender o princípio falseacionista do fazer científico. Os que defendem o argumento da descontinuidade adotam uma postura arrogante. Pois advogam para si uma nova concepção científica para os temas em que se interessam pesquisar.[6]

Mas por que a arrogância não estaria em afirmar que só há um método?[7] Quando o argumento é apresentado sem nenhum representante das escolas epistemológicas que defendem a descontinuidade entre os métodos das ciências, como Ian Hacking, Thomas Kuhn ou Bruno Latour, dizer que não há evidências que não sejam baseadas no método experimental é pretender um monopólio indevido dos critérios científicos. Como lidar então com ciências nas quais a natureza de seus objetos exige outros estilos de racionalidade? O filósofo da ciência canadense Ian Hacking elencou alguns deles:[8]

1. Método simples da postulação exemplificado pelas ciências matemáticas gregas.
2. Experimentos, observações e medições para controlar a postulação.
3. Construção hipotética de modelos analógicos.

---

6 Ibid., p. 48.

7 John P. A. Ioannidis et al., "Increasing Value and Reducing Waste in Research Design, Conduct, and Analysis". *Lancet*, v. 383, n. 9912, 2014, pp. 166-75.

8 Ian Hacking, *Representar e intervir: tópicos introdutórios de filosofia da ciência natural* [1983], trad. Pedro Rocha de Oliveira. Rio de Janeiro: Eduerj, 2012, p. 16.

4. Ordenação e taxonomia das variedades e diferenças amostrais.
5. Análise estatística e cálculo de probabilidades de populações, grupos e amostras.
6. Análise histórica e reconstrução de processos genéticos.

Observe-se que os estilos de pensamento têm certa relação entre si e a experimentação definitivamente não é a primeira. Querer fazer monopólio da crítica, sobrevalorizando uma de suas alternativas, transferindo toda autoridade para a ciência assim definida, negando racionalidade científica às outras, não deveria ser considerado uma forma de negacionismo, epistemicídio ou simplesmente criação de um condomínio científico artificial? Não existem outras formas de racionalidade crítica, a não ser a ciência, ademais, a ciência definida por esses critérios operacionais?

O uso arbitrário da aplicação de critérios de evidências salta aos olhos quando se declara que a psicanálise não apresenta evidências e depois se expõe uma pirâmide de evidências como esta:

1. Revisões sistemáticas e metanálise.
2. Ensaios clínicos randomizados.
3. Ensaios clínicos não randomizados.
4. Estudos de coorte.
5. Estudos de caso-controle.
6. Séries de casos clínicos.
7. Relatos de casos clínicos.
8. Editoriais.
9. Capítulo de livros e revisões.
10. Narrativas e artigos de opinião.[9]

---

9 Clarice Ferreira, *Como saber se uma prática é baseada em evidências?* Belo Horizonte: Sapiens Instituto de Psicologia, 2021, p. 14.

12. Psicologia Baseada em Evidências

Nenhuma abordagem psicoterápica passaria em um teste como esse, mas, curiosamente, apenas a psicanálise é alvo de fúria. O que faz pensar que o problema talvez não seja bem esse.

Jan Luiz Leonardi e Sonia Beatriz Meyer,[10] que passamos a seguir daqui em diante, afirmam que uma importante deficiência da PBE diz respeito à compreensão do que constitui uma evidência de qualidade, o que acontece porque os critérios são ao mesmo tempo muito restritivos e excessivamente abertos.[11] Estima-se que boa parte dos resultados publicados atualmente em revistas científicas sejam falsos[12] ou que tenham sido grosseiramente exagerados,[13] e a tradução do conhecimento científico potencialmente útil para a prática é com frequência lenta e ineficiente. Como ferramentas, diagnósticos não são necessários para tomar decisões de tratamento; como descrição de pessoas, são péssimos critérios para criar grupo de indivíduos em situação de pesquisa em psicologia.[14] O fato de que certos pacientes compartilham características não os torna necessariamente semelhantes, muito menos justifica uma abordagem homogeneizada, alheia às diferenças identificadas em cada caso; ao contrário, cada paciente deveria ser visto como único e, portanto, receber um tratamento totalmente individualizado.

10　Jan Luiz Leonardi e Sônia Beatriz Meyer, "Prática baseada em evidências em psicologia e a história da busca pelas provas empíricas da eficácia das psicoterapias". *Psicologia: Ciência e Profissão*, v. 35, n. 4, 2015.

11　Jeffrey M. Lohr, "What Is (and What Is Not) the Meaning of Evidence--Based Psychosocial Intervention?" *Clinical Psychology: Science and Practice*, v. 18, n. 2, 2011, pp. 100-4.

12　J. P. A. Ioannidis, "Why Most Published Research Findings Are False". *PLoS Medicine*, v. 2, n. 8, e124, 2005.

13　Id., "Why Most Discovered True Associations Are Inflated". *Epidemiology*, v. 19, n. 5, 2008, pp. 640-48.

14　Arthur C. Bohart, Maureen O'Hara e Larry M. Leitner, "Empirically Violated Treatments: Disenfranchisement of Humanistic and Other Psychotherapies". *Psychotheraphy Research*, v. 8, n. 2, 1998, pp. 141-57.

Entretanto, não faltam estudos que interrogam não apenas as premissas do Manual Diagnóstico e Estatístico de Transtornos Mentais (DSM), mas também o projeto político e a teoria social que lhe são subjacentes. Poderíamos acrescentar: sobretudo quando não se levam em conta a conformação dinâmica desses sintomas àquele sujeito singular; sua história, conforme vivida, imaginada e simbolizada; os vários contextos sociais. Os três componentes da definição – evidências de pesquisa, repertório do clínico e idiossincrasias do cliente – detêm o mesmo grau de importância na determinação da melhor conduta para cada cliente. Todos os três deveriam ser seguidos na composição das amostras.[15]

Os manuais de tratamento apresentam protocolos padronizados de intervenção que devem ser seguidos pelo terapeuta em problemas clínicos específicos. Alguns manuais prescrevem o número de sessões requeridas e os procedimentos que devem ser aplicados em cada uma das sessões, enquanto outros apenas fornecem diretrizes flexíveis para a conduta terapêutica.[16] A Divisão 12 da American Psychological Association (APA), que representa os membros da associação envolvidos na pesquisa e prática da psicologia clínica, entende que a descrição do tratamento na forma de manual é necessária para haver uma definição clara da intervenção, dita variável independente em questão, e também porque procedimentos muito diferentes podem ser incluídos na mesma rubrica; por exemplo, terapia cognitivo-comportamental ou psicoterapia psicodinâmica.[17] Em contraposição, a

---

15 American Psychological Association, "Evidence-Based Practice in Psychology: APA Presidential Task Force on Evidence-Based Practice". *American Psychologist*, v. 61, n. 4, 2006, pp. 271-85.

16 Jan Luiz Leonardi e Sônia Beatriz Meyer, op. cit.

17 Dianne L. Chambless e Thomas Ollendick, "Empirically Supported Psychological Interventions: Controversies and Evidence". *Annual Review of Psychology*, v. 52, 2001, pp. 685-716.

12. Psicologia Baseada em Evidências

reação negativa à manualização de procedimentos psicoterapêuticos[18] deve-se a um conjunto de preocupações por parte de clínicos e pesquisadores de que seguir o manual atrapalharia o desenvolvimento de uma boa relação terapêutica, ignoraria as diferenças individuais, não atenderia às necessidades de clientes com múltiplos problemas e/ou diagnósticos, ameaçaria a independência, espontaneidade e criatividade do clínico e retardaria o desenvolvimento de novas teorias e intervenções alternativas.

Outro problema é a abordagem baseada na hipótese de que existem fatores de cura comuns entre as psicoterapias. Essa abordagem foi fortalecida pelo trabalho de dezessete metanálises sobre o efeito de diferentes psicoterapias para depressão, transtornos de ansiedade e neuroses mistas, tendo sido encontrado um tamanho de efeito de 0,20, o que indica pouca diferença entre as intervenções.[19] A equivalência entre diversas modalidades de psicoterapia demonstrada nas revisões de literatura não se deve necessariamente à existência de fatores comuns;[20] ainda assim, a APA validou o papel vital da pesquisa científica, a utilidade dos manuais de tratamento, a relevância das técnicas específicas e a importância dos fatores comuns.[21]

---

18 Michael E. Addis, Wendy A. Wade e Christina Hatgis, "Barriers to Dissemination of Evidence-Based Practices: Addressing Practitioners' Concerns about Manual-Based Psychotherapies". *Clinical Psychology: Science and Practice*, v. 6, n. 4, 1999. pp. 430-41.

19 Lester Luborsky et al., "The Dodo Bird Verdict Is Alive and Well – Mostly". *Clinical Psychology: Science and Practice*, v. 9, n. 1, 2002, pp. 2-12.

20 Lester Luborsky, Barton. H. Singer e Lise Luborsky, "Comparative Studies of Psychotherapies: Is It True That 'Everyone Has Won and All Must Have Prizes'?" *Archives of General Psychiatry*, v. 32, n. 8, 1975, pp. 995-1008; Lester Luborsky et al., op. cit.; Mary Lee Smith, Gene V. Glass e Thomas I. Miller, *The Benefits of Psychotherapy*. Baltimore: John Hopkins University Press, 1980.

21 John C. Norcross, Larry E. Beutler e Ronald F. Levant (orgs.), *Evidence-Based Practice in Mental Health: Debate and Dialogue on the Fundamental Questions*. Washington: American Psychological Association, 2006.

Intervenções diferentes produzem resultados semelhantes por meio de fatores específicos distintos. Um exemplo provém das pesquisas que comparam tratamentos psicológicos com tratamentos farmacológicos.[22] Em muitos casos, psicoterapia e medicamento promovem mudanças similares no sistema nervoso do indivíduo, supostamente por meio de mecanismos de ação distintos.[23] Em suma, "a literatura de aliança [terapêutica], pelo menos em seu estado atual, assim como acontece com a literatura de comparação de resultados, não favorece os fatores comuns como uma explicação para a mudança terapêutica".[24] Por esse motivo, há autores que defendem abertamente que "ensaios clínicos comparando dois tratamentos deveriam ser descontinuados".[25]

Em razão dos fatores comuns, uma terapia de energização poderia se mostrar superior a um grupo controle sem nenhum tratamento em um ensaio clínico randomizado, embora tenha como premissa que os problemas psicológicos são causados por bloqueios em campos de energia invisíveis, cuja existência nunca foi comprovada e é cientificamente implausível.[26] Isso nos traz

---

22 Robert J. DeRubeis, Melissa A. Brotman e Carly J. Gibbons, "A Conceptual and Methodological Analysis of the Nonspecifics Argument". *Clinical Psychology: Science and Practice*, v. 12, n. 2, 2005, pp. 174-83.

23 Cf. Louis Cozolino, *The Neuroscience of Psychotherapy: Healing the Social Brain*. New York: Norton, 2010.

24 Alan E. Kazdin, "Treatment Outcomes, Common Factors, and Continued Neglect of Mechanisms of Change". *Clinical Psychology: Science and Practice*, v. 12, n. 2, 2005, p. 186.

25 Bruce E. Wampold, "The Research Evidence for the Common Factors Models: A Historically Situated Perspective", in Barry L. et al. (orgs.), *The Heart and Soul of Change: Delivering What Works in Therapy*. Washington: American Psychological Association, 2010, p. 71.

26 Scott O. Lilienfeld, "Distinguishing Scientific from Pseudoscientific Psychotherapies: Evaluating the Role of Theoretical Plausibility, with a Little Help from Reverend Bayes". *Clinical Psychology: Science and Practice*, v. 18, n. 2, 2011, pp. 105-12.

---

12. Psicologia Baseada em Evidências

ao veredito do pássaro dodô, segundo o qual, uma vez que todas as formas de psicoterapia funcionam igualmente bem e, em todas elas, o terapeuta procura estabelecer a melhor relação terapêutica possível, os resultados da intervenção provavelmente são fortemente determinados por esse fator comum.[27]

Se a ligação entre a teoria e a prática subjacente é instável, isso torna difícil a exclusão de terapêuticas pseudocientíficas do rol de opções, sobretudo porque geralmente elas têm alguns dos fatores comuns (como empatia do terapeuta, crenças positivas e expectativas sinceras de melhora do cliente) que podem levar a mudanças clinicamente significativas e, assim, se mostrar mais eficazes do que a ausência de tratamento. No fundo, isso remete ao problema da casualidade em sua diferença para a correlação indutiva. Na impossibilidade de estabelecer o papel causal da relação terapêutica, o que se observa em mais de 2 mil estudos é apenas uma correlação entre a qualidade da relação terapêutica e a intensidade da melhora.[28]

O modelo da PBE tem sido severamente criticado por ignorar se a teoria, subjacente às técnicas terapêuticas sustentadas empiricamente, dispõe de evidências ou é ao menos plausível.[29] Para "separarmos o joio do trigo no campo da psicoterapia, não podemos avaliar pesquisa de processo ou de resultado no vácuo".[30] Ao que parece, a despreocupação com outros estilos de raciocínio, a negação de racionalidade clínica para os que não partilham do mesmo evidencialismo e a criação de eficácia baseada em controle normativo acabam cobrando seus efeitos. E, nesse caso, eles não são colaterais.

---

27 B. E. Wampold, op. cit., p. 71.
28 A. E. Kazdin, op. cit., p. 66.
29 Daniel David e Guy H. Montgomery, "The Scientific Status of Psychotherapies: A New Evaluative Framework for Evidence-Based Psychosocial Interventions". *Clinical Psychology: Science and Practice*, v. 18, n. 2, 2011, pp. 89-99; Scott O. Lilienfeld, op. cit.
30 S. O. Lilienfeld, op. cit., p. 110.

13. Placebo, nocebo e outros efeitos simbólicos

A Divisão 12 da APA[1] toma por padrão-ouro, para avaliar tratamentos, pesquisas cujo método empregado foi o ensaio clínico randomizado, com alcances e limites para a pesquisa em psicoterapia.[2] A força-tarefa recebeu três grupos de críticas por eleger o ensaio clínico randomizado para a produção de evidências:[3]

1. Estudos de grupo, essencialmente quantitativos, seriam pobres para o campo da psicoterapia, sendo a pesquisa qualitativa a mais apropriada.

2. A abordagem cognitivo-comportamental teria levado vantagem indevida na avaliação, porque foi muito mais pesquisada com

---

1 A Divisão 12 da American Psychological Association (APA) tem uma página completamente dedicada a tratamentos psicoterapêuticos com evidência de eficácia: div12.org/psychological-treatments/.

2 Cf. Vladan Starcevic, "Psychotherapy in the Era of Evidence-Based Medicine". *Australasian Psychiatry*, v. 11, n. 3, 2003, pp. 278-81; William B. Stiles et al., "What Qualifies as Research on Which to Judge Effective Practice?", in John C. Norcross, Larry E. Beutler e Ronald F. Levant (orgs.), *Evidence-Based Practice in Mental Health: Debate and Dialogue on the Fundamental Questions*. Washington: American Psychological Association, 2006.

3 Dianne L. Chambless e Thomas Ollendick, "Empirically Supported Psychological Interventions: Controversies and Evidence". *Annual Review of Psychology*, v. 52, 2001, pp. 685-716.

esse tipo de método do que todas as outras abordagens e, assim, teria sido injustamente considerada mais eficaz.

3. O fato de um tratamento ser experimentalmente eficaz, isto é, demonstrar resultados satisfatórios em condições controladas de pesquisa (validade interna), não garante que ele seja efetivo em condições concretas.[4]

As críticas ao trabalho da Divisão 12 foram o ponto de partida para o surgimento de forças-tarefa em outras divisões da APA cuja intenção era corrigir e complementar possíveis omissões na avaliação das intervenções psicoterápicas. Em 1999, uma força-tarefa foi formada pela Divisão 29 (Psicoterapia) para identificar, operacionalizar e disseminar informações sobre *relações terapêuticas empiricamente sustentadas*. A equipe conduziu 24 metanálises de um vasto corpo de pesquisas quantitativas e qualitativas, dando origem a uma listagem de elementos da relação terapêutica (aliança de trabalho, empatia etc.) e de características do cliente (estilo de enfrentamento, expectativas etc.) que contribuiriam de forma consistente para o resultado da terapia.[5] Isso levou a APA a referendar o cruzamento de diferentes tipos de métodos nomotéticos e idiográficos, como ensaios clínicos randomizados, experimentos de caso único e estudos de caso. Listagem de tratamentos empiricamente sustentados,[6] relações terapêuticas empiricamente sustentadas[7]

---

4 Cf. Drew I. Westen, Shannon W. Stirman e Robert J. DeRubeis, "Are Research Patients and Clinical Trials Representative of Clinical Practice?", in John C. Norcross, Larry E. Beutler e Ronald F. Levant (orgs.), op. cit.

5 John C. Norcross (org.), *Psychotherapy Relationships That Work: Therapist Contributions and Responsiveness to Patient Needs*. New York: Oxford University Press, 2002.

6 Dianne L. Chambless et al., "Update on Empirically Validated Therapies II". *The Clinical Psychologist*, v. 51, n. 1, 1998, pp. 3-16.

7 John C. Norcross (org.), op. cit.

e princípios de mudança terapêutica[8] passaram a ser entendidos cada vez mais como peças de *marketing psicoterapêutico* e efeito colateral da importação sem mediação de técnicas de avaliação e gestão provenientes da medicina, ou seja, pseudotecnologia. Entende-se por pseudotecnologia tanto a *tecnologia supernatural*, definida pela crença na existência de saberes e procedimentos que são apenas possíveis ou ficcionais, quanto a *tecnologia pseudonatural*, compreendendo a atribuição de poderes excepcionais aos saberes tradicionais.[9] Nesse sentido a transformação da ciência em saberes que podem ser avaliados tecnicamente é um exemplo de pseudotecnologia. Pode-se entender esse impulso da padronização da produção de conhecimento em série com o processo de globalização e informatização da ciência, no contexto dos anos 1980 e 1990. Mas a translação das técnicas de aferência e certificação dos saberes – típicas do neoliberalismo – para as ciências humanas, pode redundar em exclusão indireta de epistemologias diferentes das que são pertinentes à medicina. Passar da Medicina Baseada em Evidências para a Psicologia Baseada em Evidências, pode representar um transporte indevido de técnicas e critérios técnicos da medicina para a psicologia. Isso é corroborado pelo fato de que a chamada Psicologia Baseada em Evidências foca quase exclusivamente no modelo conceitual, concorrencial da provocação de controvérsias, na manualização de procedimentos e na confiança excessiva em provas de qualificação metodológica, ao contrário da medicina e da enfermagem, nas quais o desenvolvimento do repertório de boas práticas ocupa 60% dos livros sobre o tema.[10]

---

8 Louis G. Castonguay e Larry E. Beutler (orgs.). *Principles of Therapeutic Change That Work*. New York: Oxford University Press, 2006b.

9 Sven Ove Hansson, "With all this Pseudoscience, Why so Little Pseudotechnology?" *Metascience: Scientific General Discourse*, 2002, v. 2, pp. 226-41.

10 Barbara B. Walker e Susan London, "Novel Tools and Resources for Evidence-Based Practice in Psychology". *Journal of Clinical Psychology*, v. 63, n. 7, 2007, pp. 633-42.

13. Placebo, nocebo e outros efeitos simbólicos

Algumas pesquisas têm assinalado a força e a importância do efeito placebo, tanto no que diz respeito à eficácia de medicações quanto aos tratamentos hospitalares e ambulatoriais. Isso levanta uma pergunta de fundo sobre como, afinal, nossas expectativas de cura e nossa teoria da doença age sobre a própria experiência do adoecer, alterando rumos terapêuticos e prognósticos e atravessando a pesquisa. A pergunta não é nova e já teve outras versões. Em fins do século XIX, a histeria foi separada da epilepsia, segundo os estudos semiológicos de Jean-Martin Charcot, com base na ideia de que havia uma suscetibilidade maior da consciência histérica à divisão da consciência. Durante esses estados alterados, hipnopômpicos e hipnagógicos, o paciente ficava exposto à sugestão. Foi dessa maneira que Charcot conseguiu algo sem precedentes na psicopatologia até então, ou seja, produzir artificialmente sintomas.[11] A ideia de que, diante de sintomas psicológicos, não é possível simular situações etiológicas de modo experimental e, assim, comparar resultados e variáveis representou sempre um obstáculo à cientificidade da psicanálise e de outras abordagens psicoterapêuticas.

O gesto de Freud de deslocar o hipnotismo da condição de técnica de investigação semiológica, tal como aparecia em Charcot, para técnica terapêutica, com o uso controlado da sugestão pós-hipnótica, não modificou muito o problema de base. Ou seja, a sugestão explicava tanto a gênese quanto a reversibilidade dos sintomas histéricos, mas nada explicava da própria sugestão. Isso se complicaria ainda mais no caso da histeria, porque ela constituía uma espécie de paradigma para as doenças que simulavam outras doenças. Lembremos que William Cullen, em seu *Synopsis Nosologiae Methodicae*, de 1769, agrupava as doenças dos nervos em quatro subtipos, conforme os sintomas exprimissem

---

11 Christopher C. Goertz, Michel Bonduelle e Toby Gelfand, *Charcot: Constructing Neurology*. London: Oxford Press, 1995.

perda de consciência (coma), perda de força motora (astenia), desregulação do movimento e da sensibilidade (espasmos) ou perda da razão (vesânia). A histeria é um quadro perfeito para representar a simulação de cada um desses sintomas "reais". Notemos como, nos casos relatados por Freud,[12] ela envolve estados de *absense* (perturbação da consciência), conversões motoras e sensoriais (alteração do movimento), psicastenia (fraqueza) e alucinações (exemplo de vesânia). Notemos também que Freud exclui os estados de angústia e ansiedade da definição de histeria, reservando-os para a neurose de angústia, precisamente porque ela não corresponde a nenhum dos critérios de Cullen.

O estatuto diagnóstico da histeria antes de Charcot era moral (simuladoras, indiferentes, teatrais, mentirosas), e não clínico. A descoberta de Charcot é que a tendência à simulação pode ser ela mesma uma forma de adoecimento. Lembremos ainda que o principal e mais desafiador quadro clínico para os protoalienistas do século XVIII não era a psicose ou a melancolia, mas a hipocondria. Ou seja, uma doença que exprime o sentimento de adoecimento, sem nenhuma doença real que o justifique. Mas isso é impreciso, pois um hipocondríaco continuará a ser hipocondríaco, mesmo que se descubra uma doença orgânica por trás de suas preocupações. Se o nascimento da clínica psicanalítica e da psicopatologia que lhe é contemporânea está baseado na investigação do efeito mórbido da influência psíquica gerado por uma palavra, situação ou ideia, podemos dizer que a psicanálise começa investigando o efeito nocebo, o inverso do efeito placebo, ou seja, o efeito da influência iatrogênica na gênese e determinação dos quadros psicológicos.

Fica claro dessa maneira que um sintoma psíquico não é menos real porque envolve convicções, interpretações ou crenças do sujeito. O que não elucida, por si mesmo, como tais atitudes men-

---

12   S. Freud e J. Breuer, *Estudos sobre a histeria*, op. cit.

tais podem gerar verdadeiros sintomas. Essa ideia de que existe uma relação de espelhamento a partir da qual "verdadeiras doenças orgânicas" são mimetizadas por "falsas doenças psicológicas" é bastante antiga e recorrente. Os casos da histeria e da epilepsia foram precedidos pela sífilis, cujo estado terminal mimetizava a catatonia psicótica. Depois disso vieram as demências (*dementia praecox*, de Emil Kraepelin), as doenças degenerativas e suas fixações ou retardos de desenvolvimento, as doenças que atacam funções fisiológicas como alimentação, movimentação, sono, excreção, que têm seu correlato nas conversões histéricas. As doenças que envolvem espasmos, como mal de Huntington, têm seu espelho nos ataques histéricos. As que trazem alteração de consciência, como a epilepsia e as amnésias, são refletidas pelos estados dissociativos, de absense e histerias hipnoide. Até mesmo as doenças psíquicas que redundam em verdadeiras lesões cutâneas ou fisiológicas têm como equivalentes especulares os fenômenos psicossomáticos.

Assim como o efeito de sugestão, o fenômeno da doença em espelho ficou sem explicação plausível. Poder-se-ia, então, levantar uma hipótese que ligasse os dois problemas: as doenças em espelho, assim como a sugestão, não derivam diretamente de sintomas, não são um caso de contágio, mas provêm do sofrimento que envolve os sintomas, fornecendo-lhes uma determinação particular de linguagem. Ao perceber que um determinado sintoma é acolhido, reconhecido e tratado, o sujeito se apropria da gramática e da experiência de reconhecimento ali presente. A partir de então, a forma, a modalidade e as características expressivas da narrativa de sofrimento original são aproveitadas para dar nome e articular demandas que até então permaneciam indeterminadas.

Claude Lévi-Strauss, em seu clássico trabalho sobre a eficácia simbólica dos xamãs,[13] afirma que eles atuam principalmente

---

13 Claude Lévi-Strauss, "O feiticeiro e sua magia", in *Antropologia estrutural*, trad. Beatriz Perrone-Moisés. São Paulo: Ubu Editora, 2017, p. 198.

conferindo um lugar ao que antes se apresentava como um desses "*estados não formulados*" do espírito. Ou seja, o xamã cura por meio de danças, ritos e técnicas mágicas, não por elas terem em vista forças sobrenaturais, mas por darem *forma* àquilo que antes estava *não formulado*. Essa passagem do sofrimento indeterminado para o sofrimento determinado não acontece toda de uma vez. Consideremos que as forças que concorrem para sua eficácia são relativas ao uso da linguagem. Portanto, para entender a lógica do placebo, é preciso entender seu funcionamento em termos de linguagem, bem como a estrutura de linguagem na qual o sofrimento acontece.

Nosso problema se torna ainda mais complexo porque as experiências de sofrimento – sejam elas pontuais (trauma), crônicas (conflitos estruturais, em forma de perda constitutivas) ou ao modo de sentimentos disruptivos ou de inadequação, em razão do trâmite real em cada sujeito, das condições simbólicas de sua elaboração ou ainda dos imaginários de sua expressão – podem gerar sintomas ainda mais verdadeiros.

Comecemos, então, pela diferença entre sintoma e sofrimento. Um sintoma não se define por um comportamento, tampouco por sua adaptação ou inadaptação funcional. Há sintomas egodistônicos, que causam sofrimento ao eu, mas também há sintomas egossintônicos, aos quais o eu está perfeita e justamente adaptado. Há sintomas que causam transtorno ao eu, mas há também sintomas que perturbam unicamente os outros. Portanto, uma definição mais rigorosa de sintoma dirá que ele é uma coerção psíquica, uma perda de liberdade.[14] Segundo esse conceito, teríamos duas famílias de sintomas: os que se impõem como automatismos, cuja gramática é a do necessário (impulsões, adições, compulsões), ou seja, tudo o que aparece ao sujeito na forma de um "tenho de"; e os que dependem da gramática da

---

14 C. I. L. Dunker, *Mal-estar, sofrimento e sintoma*. São Paulo: Boitempo, 2015.

negação do possível, ou seja, as impotências psíquicas, as fobias, as evitações e tudo aquilo que responde à forma "não posso com". Por essa definição vê-se que um sintoma, na diagnóstica psicanalítica, depende da relação e da posição do sujeito. Mas, além disso, o sintoma só encontra sua determinação final quando se articula com o Outro. Há pelo menos três maneiras fundamentais pelas quais um sintoma se articula ao Outro: pela identificação, pela demanda e pela transferência. Quando um sintoma se articula de maneira estável, ele geralmente responde a duas outras condições: a do discurso e a da fantasia. Para Lacan, o sintoma tem uma estrutura de metáfora justamente porque na metáfora todas essas dimensões de linguagem são atendidas.

Já o sofrimento não tem estrutura de metáfora e, sim, de narrativa. Ele se apresenta como uma história cujos temas não são tão indefinidos: mau encontro com um objeto intrusivo; perda ou esquecimento da alma, dos sonhos, dos ideais; desequilíbrio ou descalibragem dos pactos com o outro; dissolução das unidades simbólicas das quais participamos (família, casamento, trabalho ou comunidade de destino). Ao contrário do sintoma, o sofrimento é transitivista, transmite-se indeterminando quem é o agente e quem é o paciente dessa experiência. Para aqueles a quem amamos ou por quem somos amados, o sofrer é transitivo: "Sofro porque meu outro significativo sofre, e porque sofro meu outro significativo sofre". A interpretação do sofrimento do outro tem função causal sobre o meu próprio sofrimento. Há uma relação causal aqui que não se replica no caso do sintoma. Não preciso fazer uma ideia obsessiva apenas porque meu pai tinha esse sintoma. E, se o fizer, provavelmente tal sintoma terá uma função etiológica diversa. A maneira como o sofrimento se conforma depende de gramáticas de reconhecimento, as quais são funções sociais e políticas que definem, a cada momento, que tipo de sofrimento deve ser reconhecido e tratado, e qual outro deve ser silenciado e feito invisível.

Essa diferença explica a noção de *sofrimento determinado*, ou seja, aquele que é incluído em discursos, reconhecido pelo outro, expresso em narrativas sociais legítimas e demandas intersubjetivas identificadas, e o *sofrimento indeterminado*, que é aquele para o qual não encontramos nomeação, narrativa, ou para o qual a demanda não se articula, o que, quiçá, torna essa experiência indiferente ou informulada para o próprio sujeito. O sofrimento determinado convida a uma teoria de sua própria transformação, pela mudança do eu, pela modificação do outro ou pela alteração do mundo; o sofrimento indeterminado prescinde tanto da interpretação quanto da hipótese transformativa sobre sua própria gênese.

Assim, fica claro como essas duas modalidades de sofrimento psíquico nos ajudam a entender a potência diferencial do efeito placebo, bem como certos efeitos de aderência e não aderência ao tratamento. Considerando que as narrativas de sofrimento também se desgastam, envelhecem e perdem sua força de reconhecimento, podemos entender melhor tanto o fenômeno das doenças-espelho, que afinal apenas se apoiavam em narrativas fortemente reconhecidas pela ordem médica, quanto o fenômeno adjuvante da mutação histórica do envelope formal dos sintomas. Ou seja, ao que tudo indica, há certa sazonalidade dos sintomas preferenciais das estruturas clínicas. No fim do século XIX, a histeria aparecia com sintomas de anorexia e neurastenia. Já no início do século XX, seu perfil clínico evidenciava paralisias e conversões. Nos anos 1950, esses sintomas cederam lugar aos quadros narcísicos e, nos anos 1970, evoluíram para tipos depressivos e infantilizados. Nos anos 2000, voltamos à predominância da linhagem de sintomas como anorexia, fibromialgia e angústia somática. Ora, essa deriva poderia ser explicada pela mutação das narrativas de sofrimento empregadas para articular os sintomas.

Retomamos assim a hipótese de que o placebo age como uma determinação simbólica do sofrimento. Mas o placebo não é ape-

13. Placebo, nocebo e outros efeitos simbólicos

nas a expressão da relação do Eu imaginário com seu sintoma. A hipótese da psicanálise, ainda que não lhe seja exclusiva, supõe que a forma como falamos, nomeamos ou narramos nossos sintomas tem força etiológica em sua determinação ou reversão. Uma hipótese alternativa afirma que apenas comportamentos podem alterar sintomas definidos como comportamentos e ciclos de comportamentos. Dessa maneira, tudo o que se apresenta como psicológico, mas não pode ser reconhecido segundo a gramática estímulo-resposta ou pela relação princípio ativo e efeito terapêutico, será posto na conta do efeito placebo, ele mesmo incognoscível e enigmático.

Ao contrário do que se passava no início do século xx, quando a narrativa médica do sofrimento era dotada de grande autoridade, é possível que hoje o placebo seja mais eficaz em situações nas quais a interpretação médica do sofrimento tenha chegado a uma relativa exaustão ou insuficiência. Entenda-se, o placebo age sobre o sofrimento e o sofrimento age sobre o sintoma. Vejamos alguns argumentos em favor dessa hipótese à luz de cinco achados contemporâneos sobre o placebo.

1. Injeções salinas e acupuntura são mais efetivas que pílulas de placebo. Pílulas placebo coloridas são mais eficazes do que pílulas anódinas de formato e cor convencionais.[15]

Tendem a ser mais eficazes as técnicas de placebo que empregam mais aparatos ou envolvem elementos diferenciais, tais como modificação de cor e formato de pílulas, no caso de medicação, ou aparência de complexidade de procedimentos. Isso se explicaria, talvez, porque a profusão dos meios denota investimento do outro, aumenta a consciência do próprio processo de tratamento.

---

15 Jeremy Howick et al., "Are Treatments More Effective Than Placebos? A Systematic Review and Meta-Analysis". PLOS *One*, v. 8, n. 5, 2013.

Isso amplia o trabalho de determinação do sofrimento, em detrimento da nomeação simplificada do sintoma. Aquele que fornece um semblante à autoridade de quem cura, denotando de modo mais exuberante sua autoridade, favorece a articulação entre demanda e identificação. No placebo não é a autoridade que cura, mas nossa suposição, nossa demanda dirigida a ela. Em "O feiticeiro e sua magia", Lévi-Strauss examina o caso de Quesalid, um aprendiz de xamã que não acreditava em magia.[16] Justamente porque desdenhava dos poderes sobrenaturais, dos truques de aspiração ou de movimentação de penas invisíveis, ele podia criar uma ritualística mais viva e cheia de elementos coreográficos. Portanto, mesmo certa descrença na própria autoridade para curar pode ser benéfica para o efeito placebo.

2. *O efeito placebo é mais pronunciado no caso de sintomas como a dor e quadros como a depressão. O efeito placebo corresponde a 68% do efeito das drogas antidepressivas.*[17]

A dor é um exemplo limite do sofrimento determinado. A dor, via de regra, tem uma localização mais ou menos precisa, objetiva e claramente descritível ao longo do tempo. Sua existência parece não depender da forma como é nomeada. Sua significação não requer uma hermenêutica subjetiva, mas uma investigação de causas. No entanto, a dor é um dos sintomas mais fortemente sensíveis ao placebo. Na famosa cura Cuna[18] dos índios do Panamá, uma mulher grávida não consegue dar à luz. O xamã executa sua coreografia com um cântico em uma língua que não é compreensível à parturiente. Mesmo assim, o parto se desenlaça. O que a

---

16 C. Lévi-Strauss, op. cit., pp. 175-ss.
17 Winfried Rief et al., "Meta-Analysis of The Placebo Response in Antidepressant Trials". *Journal of Affective Disorders*, v. 118, n. 1-3, 2009, pp. 1-8.
18 C. Lévi-Strauss, "A eficácia simbólica", in *Antropologia estrutural*, op. cit.

canção Cuna fornece é uma estrutura dialogal na qual o xamã aparece como mediador e que inscreve a dor, como acontecimento, em uma história, em uma disputa (entre deuses e homens), em uma conversação (entre os bons e os maus espíritos). Não só o efeito placebo pode ser composto com verdadeiros ingredientes ativos, como a dor não é inteiramente um fenômeno objetivo, mensurável e perfeitamente comparável entre as pessoas.[19]

A depressão, por sua vez, parece ser o caso oposto ao da dor: é o exemplo paradigmático do *sofrimento indeterminado*. Ela se mostra como uma síndrome com uma série de sintomas somáticos e psíquicos desconexos entre si. Alterações de sono, libido e apetite, assim como mudanças de humor, dores e o sintoma mais indeterminado de todos: a anedonia, a perda generalizada da capacidade de experimentar prazer. Nesse caso, o que salta aos olhos é a desconexão narrativa que costuma acompanhar muitos casos de depressão. Ainda que vários pacientes nos tragam histórias de sofrimento e causas objetivas e subjetivas, raramente se encontra uma verdadeira ligação entre os sintomas específicos e os supostos agentes etiológicos. Nesse caso, o placebo não age incluindo a experiência do sujeito em uma gramática dialogal, mas facultando que a narrativa vigente se mostre insuficiente ou inadequada para articular os sintomas entre si. Seu efeito derivaria de um deslocamento de transferência, similar ao que acompanha a mudança de médico ou de abordagem terapêutica, possibilitando uma espécie de "novo início" tantas vezes presente na fala desses pacientes como uma demanda.

3. As mesmas regiões do cérebro que são ativadas quando pacientes recebem terapia placebo são ativadas no

---

19 Maria Thereza Lemos de Arruda Camargo, "Revisão da noção de eficácia simbólica em Lévi-Strauss, considerando-a em contexto da Etnofarmacobotânica". *Nures*, ano x, n. 26, jan.-abr. 2014.

cérebro dos médicos quando eles pensam em administrar tratamentos efetivos.[20]

Essa parece ser uma espécie de comprovação neurocientífica de como a identificação e a transferência são fenômenos intersubjetivos poderosamente mobilizados durante a situação de tratamento. O resultado sugere que a eficácia do placebo talvez dependa da experiência de reconhecimento que acompanha a administração de cuidados e medicamentos. O dado corrobora nossa observação de que o sintoma "se completa" na transferência, articulando a identificação (cérebro dos médicos) com a demanda (cérebro dos pacientes), por meio de uma experiência de sofrimento compartilhada.

4. A diferença de efetividade entre a droga e o placebo decresce significativamente com o tempo. Ela decresce com a linha de gravidade e cresce com a duração do estudo. Há indícios de maior eficácia no tratamento medicamentoso em estudos comparativos do que no tratamento medicamentoso em estudos com placebo-controle.

O tempo de tratamento é um forte indicador ou favorecedor do laço que se forma entre médico e paciente. O médico potencializa o placebo, na medida em que passa a fazer parte da narrativa de sofrimento, toma decisões compartilhadas, vive a viagem em conjunto com o doente. Pesquisas recentes[21] e metanálises

---

20 Karin B. Jensen et al., "A Neural Mechanism for Nonconscious Activation of Conditioned Placebo and Nocebo Responses". *Cereb Cortex*, v. 25, n. 10, 2014, pp. 3903–10.

21 Dorothea Huber et al., "Comparison of Cognitive-Behaviour Therapy with Psychoanalytic and Psychodynamic Therapy for Depressed Patients: A Three-Year Follow-Up Study". *Z Psychosom Med. Psychother.*, v. 58, n. 3, 2012, pp. 299–316.

sucessivas[22] têm mostrado a eficácia superior de psicoterapias psicodinâmicas de longo prazo (PPLP, ou LTPP na sigla em inglês), entre elas a psicanálise, em relação a outras estratégias psicoterapêuticas, como a terapia cognitivo-comportamental, analítico-comportamental, sistêmica e breve. É possível que isso se deva ao longo tempo de contato entre terapeuta e paciente. A PPLP é definida como uma abordagem psicoterapêutica de grande atenção à relação entre paciente e terapeuta (envolve mais de 53 sessões), e é possível que isso favoreça ou, na verdade, capte formas narrativas mais extensas e detalhadas sobre o sofrimento. É possível que, em muitos casos, isso seja decisivo e, em outros, seja apenas um mau investimento. De toda forma, o mínimo que se pode dizer sobre um tempo de continuidade como esse é que há indício de formação de um laço que supera a estrutura simplificada do *problem-solving situation* [situação de resolução de problemas] que organiza a maior parte das terapias breves.

5. *A eficiência e a eficácia do placebo vêm crescendo ao longo do tempo, particularmente em sociedades de alta medicalização.*

A confiança no discurso da cura progride na medida em que a medicina se ocupa não apenas das formas mais consagradas de doença, mas evolui para a busca do estado de felicidade e satisfação "biopsicossocial", o que amplia o escopo de consideração da demanda. Contudo, essa extensão social da promessa de cura não se fez acompanhar dos recursos necessários para oferecer o suporte narrativo que lhe seria consequente. Ou seja, à medida que o discurso médico estabelece narrativas cada vez mais estritas sobre o modo de sofrer e falar sobre o sofrimento, outras narrativas perdem visibilidade e legitimação diante desse discurso.

---

22 Falk Leichsenring e Sven Rabung, "Effectiveness of Long-term Psychodynamic Psychotherapy: A Meta-Analysis. *Jama*, v. 300, n. 13, 2008, pp. 1551–65.

Torna-se inconveniente e oneroso escutar as consequências do adoecimento para o conjunto da vida do paciente, as implicações em seus sistemas morais e religiosos de interpretação do mal-estar, o impacto na família, em seus planos e aspirações coletivos e profissionais. Em outras palavras, o antigo tema de que a história da doença se mistura com a história do doente tende a ser elaborado em formas de linguagem cada vez mais impessoais e roteirizadas, necessárias para o bom funcionamento administrativo do processo da saúde. Com isso, abre-se espaço cada vez maior para que outras ofertas narrativas se infiltrem no processo do tratamento, muitas vezes obstaculizando ou concorrendo com ele. A aderência ao tratamento dependerá fortemente de como a narrativa de sofrimento do paciente se articula com o discurso da cura que lhe é proposta. Notemos aqui a diferença conceitual que existe entre a narrativa e o discurso. A narrativa tem personagens, enredos e ações transformativas que atravessam vários discursos: moral, jurídico, religioso, econômico, político. Em sentido lacaniano, o discurso que prevalece na cura hospitalar e na medicina de massa é chamado de discurso do mestre. É por isso que o ponto-chave da experiência do adoecimento começa pelo diagnóstico e termina pela alta, havendo a cada passo um evento de nomeação específico que cabe a uma instância individualizada específica. As instituições, e o hospital entre elas, definem-se pela reprodução de discursos, não pela propagação de narrativas.

As pesquisas sobre o efeito placebo merecem uma crítica metodológica à luz de nossa hipótese. Elas raramente detalham ou dão importância particular ao fato de que, ainda que apareça sob a forma de um procedimento ou de um objeto material como a medicação, o placebo insere-se em uma trama de linguagem. Ele é apresentado ao paciente de alguma maneira, instruções e recomendações são proferidas. Essa rarefação da descrição do "pacote de linguagem" que acompanha a administração do placebo prejudica a avaliação dos resultados das pesquisas. Isso é compreensível

13. Placebo, nocebo e outros efeitos simbólicos

do ponto de vista da comparação de variáveis que excluem a linguagem, apostando todas as fichas em tratamento medicamentoso, por exemplo, uma vez que estão em jogo, nesse caso, apenas causas determinantes de natureza "empírica". Todavia a linguagem é uma determinação material, ainda que sua empiria seja diferente dos processos químicos ou físicos, e no caso do placebo ela é um fator incontestável no desenrolar do experimento.

Com esse procedimento, incorre-se em uma espécie de achatamento metodológico do efeito placebo. Ele termina nos remetendo a uma indiscutida ação mental ou ação à distância, na qual se deixa de lado que o efeito placebo acontece pela conjugação de três funções inicialmente distintas e separáveis: a identificação, a demanda e a transferência. É certo que existe um contágio sobre a interpretação de uma causa etiológica comum. É o que se pode chamar de sofrimento organizado por um "eu também". Essa é uma *identificação* de grupo que tende a criar uma acomodação e uma expressão aparentada entre pessoas que sofrem com um mesmo sintoma, supostamente. As redes sociais nos dão exemplos recorrentes desse fenômeno identificatório. Mas um sintoma é também uma forma de *demanda* inconsciente, um pedido que não se sabe enquanto tal e que realiza um tipo de satisfação na relação com o Outro. O placebo, nessa medida, pode fazer a função que Lacan chamou de *objeto a*, ou seja, um indutor, mas também um perturbador da relação entre a demanda, enquanto pedido inconsciente, e o desejo, enquanto montagem de fantasia. Do ponto de vista da psicanálise, o placebo são palavras, mas também a presença, o olhar ou a voz do psicanalista. Note-se como na identificação há uma espécie de saber positivo sobre a etiologia comum de uma mesma experiência de sofrimento. Ainda que suposta, há na identificação o saber compartilhado. Na demanda, por sua vez, esse saber falta ou se desloca em versões mais ou menos determinadas. É por isso que, sob certas circunstâncias, demanda e identificação se separam, dando margem a um terceiro fenômeno que Freud chamou de *transferência*. Em termos lacanianos, a transferência é justamente uma relação de linguagem, organizada em torno da suposição de saber que o paciente faz ao analista, em um primeiro momento, e ao próprio inconsciente, à medida em que a análise transcorre.

Muitos psicanalistas que trabalham em hospitais queixam-se de que os pacientes, ainda que colaborativos, não persistem no tratamento. Segundo nossa hipótese, isso se explica pelo fato de que, para que haja tratamento, é necessária transferência e, para que haja transferência, é necessária alguma indeterminação do sofrimento. Quando a experiência de sofrimento cabe perfeitamente no discurso que é oferecido pelo hospital e seus médicos, por mais que exista uma indicação clínica, não haverá transferência para um verdadeiro tratamento. Pode existir demanda e identificação, mas, sem transferência, nem o placebo pode mostrar sua eficácia.

A transferência é um dos pilares clínicos da psicanálise. Tomada como fenômeno relacional, a transferência está presente na maior parte, senão em todas as formas de tratamento. A separação entre transferência e sugestão, influência, obediência, identificação ou idealização é problemática e difícil de reconhecer em cada caso, ainda que esse problema seja reconhecido pela psicanálise. Mas apenas a psicanálise faz de seu manejo a própria mola do tratamento. Ao introduzir o manejo transferencial no seio do tratamento, um convidado inesperado surge na cena: o amor. A psicanálise é a ciência que reintroduz a experiência amorosa, e tudo que ela tem de *pseudos*, como uma variável incalculável, mas manejável, do tratamento. Rejeitar o *pseudos* é rejeitar a própria possibilidade de dar lugar ao que no sujeito não se deixa dizer. Não há tratamento psíquico que não deva consentir com *pseudos*. A paixão cega pela verdade pode levar ao pior. Freud dizia que a histeria tem um falso começo, ou seja, um *proton pseudos*, para referir-se ao fato de que a história lembrada sobre as origens do trauma nem sempre é equivalente da verdade histórica e material

13. Placebo, nocebo e outros efeitos simbólicos

envolvida. Mas o tratamento não coincide com a derrogação dessa falsidade originária, reduzida a uma ilusão capaz de ser corrigida por uma redução de viés ou reduzida nominalmente mas não explicada por meio do conceito de placebo.

Lembremos que o uso do pseudo no contexto da medicina pode diferir muito do uso do pseudo em psicologia. *Pseudomedicina* é qualquer prática de medicina cujos proponentes alegam ser eficaz no diagnóstico ou tratamento de determinadas condições médicas, mas que foi refutada por evidências, que nunca foi provada ou que não é empírica e falseável. O National Council Against Health Fraud,[23] instituição estadunidense que se preocupa com fraudes em saúde, inclui entre as práticas pseudomédicas acupuntura, quiropraxia, homeopatia, naturopatia, osteopatia, frenologia e reiki, ou seja, várias das práticas criticadas por Pasternak e Orsi. Independentemente da pertinência dos argumentos contra essas práticas, fica claro aqui que a psicanálise não se situa entre elas, ainda que tenha sido tratada assim por um erro de categorização, por um excesso de pseudotecnologia ou por pseudoepistemólogos.

Pseudo quer dizer não apenas "falso" ou "mentiroso", mas também "como se". No uso popular maledicente, esses três sentidos se combinam na ideia de impostura. Observemos que o falso não é necessariamente mentiroso, e assim reciprocamente. Independentemente da correção das teses metapsicológicas da psicanálise, seu método clínico postula que a análise das falsidades e mentiras pode nos conduzir a alguma verdade. A Verdade transformativa e eficiente buscada pela psicanálise segue a pista deste *como-se*. Seja como metáfora, seja como fantasia, seja como ilusão, seja pela capacidade da linguagem humana de lidar com a negatividade, para a psicanálise podemos tornar o falso parte do caminho para chegar ao verdadeiro. Nesse sentido podemos dizer que sim, a psicanálise é uma ciência do *pseudos*.

---

23 Cf. quackwatch.org/ncahf/about/mission/

14. Evidências da eficácia da psicanálise

A acusação rasteira de pseudocientificidade da psicanálise costuma vir acompanhada de uma alegada falta de evidência da eficácia e eficiência do tratamento analítico. Contudo, pesquisas não faltam. Neste capítulo, trazemos alguns estudos que buscam apresentar evidências científicas dos resultados dos tratamentos psicanalíticos. É claro que a pergunta central sobre o que se entende por eficácia e eficiência mereceria um estudo à parte, que envolveria aspectos não apenas científicos, mas também políticos, históricos e sociais em vários níveis. Mas, por enquanto, vamos suspender essa questão temporariamente e jogar o jogo proposto.

O psicanalista sul-africano Mark Solms apresentou o seguinte resumo:[1]

A terapia psicanalítica alcança bons resultados, pelo menos tão bons e, em alguns aspectos, até melhores do que outros tratamentos baseados em evidências na psiquiatria atualmente.

1. A psicoterapia em geral é uma forma de tratamento altamente eficaz de tratamento. Metanálises de psicoterapia, estudos de resultados de psicoterapia revelam normalmente tamanhos de efeito entre 0,73 e 0,85. Um tamanho de efeito de 0,8 é con-

---

1 Mark Solms, "The Scientific Standing of Psychoanalysis". *British Journal of Psychiatry International*, v. 15, n. 1, 2018.

siderado grande em pesquisa psiquiátrica, 0,5 é considerado moderado e 0,2 é considerado pequeno. Para colocar a eficácia da psicoterapia em perspectiva, medicamentos antidepressivos recentes alcançam tamanhos de efeito entre 0,24 e 0,31 (Kirsch et al., 2008; Turner et al., 2008). Mudanças promovidas pela psicoterapia, não menos do que a terapia medicamentosa, são, obviamente, visíveis por meio de imagens cerebrais.

2. A psicoterapia psicanalítica é tão eficaz como outras formas de psicoterapia baseadas em evidências (por exemplo, terapia cognitivo-comportamental – TCC). Isso agora está inequivocamente estabelecido (Steinert et al., 2017). Além disso, há evidências que sugerem que os efeitos da terapia psicanalítica duram mais tempo – e até aumentam – após o término do tratamento. A revisão autorizada de Shedler (2010) de todos os estudos controlados e randomizados até o momento relatou tamanhos de efeito entre 0,78 e 1,46, mesmo para formas diluídas e truncadas da terapia psicanalítica. Uma metanálise especialmente rigorosa metodologicamente (Abbass et al., 2006) produziu um efeito geral de 0,97 para a melhoria geral dos sintomas com a terapia psicanalítica. O efeito aumentou para 1,51 quando os pacientes foram avaliados no acompanhamento. Uma metanálise mais recente de Abbass et al. (2014) produziu um tamanho de efeito geral de 0,71, e a descoberta de efeitos mantidos e aumentados no acompanhamento foi reconfirmado. Isso em relação ao tratamento psicanalítico de curto prazo. De acordo com a metanálise de De Maat et al. (2009), que foi menos rigorosa metodologicamente do que os estudos de Abbass, a psicoterapia psicanalítica de longo prazo produz um tamanho de efeito de 0,78 no término e 0,94 no acompanhamento, e a psicanálise propriamente dita alcança um efeito médio de 0,87 e 1,18 no acompanhamento. Esse é o resultado geral; o tamanho do efeito para a melhora dos sintomas (em oposição à mudança de personalidade) foi de 1,03 para

a terapia psicanalítica de longo prazo e, para a psicanálise, foi de 1,38. Leuzinger-Bohleber et al. (2018) divulgarão em breve tamanhos de efeito ainda maiores para a psicanálise na depressão. A tendência consistente em direção a tamanhos de efeito maiores no acompanhamento sugere que a terapia psicanalítica põe em movimento processos de mudança que continuam após o término da terapia (enquanto os efeitos de outras formas de psicoterapia, como a TCC, tendem a se deteriorar).[2]

---

2 Allan Abbass et al., "Short-Term Psychodynamic Psychotherapies for Common Mental Disorders". *Cochrane Database of Systematic Reviews*, v. 4, 2006; id., "Short-Term Psychodynamic Psychotherapies for Common Mental Disorders (Update)". *Cochrane Database of Systematic Reviews*, n. 7, 2014; John Bargh e Tanya Chartrand, "The Unbearable Automaticity of Being". *American Psychological Association*, v. 54, n. 7, 1999, pp. 462-79; Matthew D. Blagys e Mark J. Hilsenroth, "Distinctive Activities of Short-Term Psychodynamic-Interpersonal Psychotherapy: A Review of the Comparative Psychotherapy Process Literature". *Clinical Psychology*, 7, 2000, pp. 167-88; Saskia de Maat et al., "The Effectiveness of Long-Term Psychoanalytic Therapy: A Systematic Review of Empirical Studies". *Harvard Review Psychiatry*, v. 17, n. 1, 2009, pp. 11-23; Adele M. Hayes, Louis G. Castonguay e Marvin R. Goldfried, "Effectiveness of Targeting the Vulnerability Factors of Depression in Cognitive Therapy". *Journal of Consulting and Clinical Psychology*, v. 64, n. 3, 1996, pp. 623-27; Irving Kirsch et al., "Initial Severity and Antidepressant Benefits: A Meta-Analysis of Data Submitted to the Food and Drug Administration". *PLoS Med*, 5, 2008, e45; Marianne Leuzinger-Bohleber et al., "Outcome of Psychoanalytic and Cognitive-Behavioral Therapy with Chronic Depressed Patients. A Controlled Trial with Preferential and Randomized Allocation". *The Canadian Journal of Psychiatry*, v. 64, n. 1, 2018; John C. Norcross, "The Psychotherapist's Own Psychotherapy: Educating and Developing Psychologists". *American Psychologist*, v. 60, n. 8, 2005, pp. 840-50; Jaak Panksepp, *Affective Neuroscience*. Oxford: Oxford University Press, 1998; Jonathan Shedler, "The Efficacy of Psychodynamic Psychotherapy". *American Psychologist*, v. 65, 2010, pp. 98-109; Mark Solms, "What is 'the Unconscious' and Where Is It Located in the Brain? A Neuropsychoanalytic Perspective". *Annals of the New York Academy of Sciences*, v. 1.406, n. 1, 2017, pp. 90-97; Christiane Steinert et al., "Psychodynamic Therapy: As Efficacious as Other Empirically

Existem vários tipos de levantamento como esse, alguns mais organizados, outros mais focais; alguns relacionados a projetos de pesquisa específicos, outros, simples reatualizações após achados mais recentes.

O problema com os estudos de eficácia terapêutica em psicanálise é duplo: definir "o que é psicanálise" e separar qual é o "princípio ativo da cura". Por um lado, muitos psicanalistas não concordariam em reduzir a psicanálise a uma forma de psicoterapia. Há estudos históricos e epistemológicos que sugerem que, se a psicanálise é uma das primeiras, se não a primeira forma de psicoterapia pela fala, ela é também uma prática ética de cura (no sentido do *cuidado* desenvolvido, por exemplo, pelos filósofos helênicos e outros) e uma prática variante do método clínico, com semiologia, diagnóstica, terapêutica e etiologia ligadas à linguagem.[3] A consideração da psicanálise também como uma psicoterapia nos leva ao problema de sua definição e, consequentemente, de sua manualização, como forma de definir procedimentos elementares.

Uma maneira de enfrentar esse problema é considerar seriamente as relações entre psicanálise propriamente dita e psicoterapias psicodinâmicas de inspiração psicanalítica. Vejamos a pirâmide das definições de psicodinâmica para verificar como elas apresentam referências consistentes, em sua definição, com conceitos psicanalíticos. Fazendo uma analogia, é como se o princípio ativo da psicanálise fosse difícil de isolar, porque ele

---

Supported Treatments? A Meta-Analysis Testing Equivalence of Outcomes". *American Journal of Psychiatry*, v. 174, n. 10, 2017, pp. 943-53; Natalie C. Tronson e Jane R. Taylor, "Molecular Mechanisms Of Memory Reconsolidation". *Nature Reviews Neuroscience*, v. 8, 2007, pp. 262-75; Erik Turner et al., "Selective Publication of Antidepressant Trials and Its Influence on Apparent Efficacy". *The New England Journal of Medicine*, v. 358, 2008, pp. 252-60.

3   C. I. L. Dunker, *Estrutura e constituição da clínica psicanalítica*. São Paulo: Zagodoni, 2013.

se apresenta distribuído em muitas e variadas formas, sendo aplicado há mais tempo do que outras psicoterapias. À medida que vamos diluindo esse princípio ativo, podemos perceber melhor do que ele é feito, mas ao mesmo tempo perdemos a "pureza" de sua concentração máxima (que porventura jamais existiu, senão como conjectura). De tal forma que, assim como existe uma pirâmide de evidências para a PBE, existiria uma pirâmide invertida de definições progressivamente mais próximas da psicanálise, digamos, como a adesão a mais e mais de seus conceitos para criar uma versão operacional. Isso significaria que as pesquisas de eficácia não estão comparando as práticas elas mesmas (freudiana, kleiniana, lacaniana, winnicottiana), mas suas versões feitas em laboratório para fins científicos:

Psicoterapia psicodinâmica
As intervenções interpretativas visam melhorar a percepção dos pacientes sobre conflitos repetitivos que sustentam seus problemas; intervenções de apoio visam fortalecer as habilidades que estão temporariamente inacessíveis aos pacientes em razão do estresse agudo (por exemplo, eventos traumáticos) ou não foram suficientemente desenvolvidas (por exemplo, controle de impulsos no transtorno de personalidade limítrofe). A criação de uma aliança de ajuda (ou terapêutica) é considerada um componente importante das intervenções de apoio. A transferência, definida como a repetição de experiências passadas nas relações interpessoais atuais, constitui outra dimensão importante do relacionamento terapêutico.[4]

---

4 Falk Leichsenring e Sven Rabung, "Long-Term Psychodynamic Psychotherapy in Complex Mental Disorders: Update of a Meta-Analysis". *The British Journal of Psychiatry*, v. 199, n. 1, 2011, pp. 15-22.

Psicoterapia psicodinâmica de longo prazo
Uma terapia que envolve atenção cuidadosa, interação de terapeuta e paciente, com interpretações pensadas no tempo da transferência, e uma sofisticada apreciação da contribuição ao campo interpessoal.[5]

Terapia psicanalítica de longo prazo[6]
Na psicoterapia, os pacientes se sentam em frente ao terapeuta e não há mais do que duas sessões por semana entre os polos da interpretação e do apoio. O objetivo é a redução de sintomas, prevenção da recorrência, melhor funcionamento social, maior qualidade de vida. Mudanças devem ser duradouras, devem permitir que os pacientes enfrentem os problemas da vida com mais sucesso e façam melhor uso de seu potencial pessoal e das oportunidades oferecidas pela vida.

Psicanálise[7]
Na psicanálise "propriamente dita", o paciente se deita em um divã e há pelo menos três sessões por semana. Privilegia-se a interpretação. Visa-se à "mudança estrutural", a "mudança de personalidade", a "reconstrução ou construção da personalidade" ou o desenvolvimento de um "eu coeso", "adulto" e "integrado".

Alguns autores fizeram uma comparação muito interessante entre princípios genéricos das terapias cognitivo-comportamentais e da psicanálise, isolando os seguintes pontos:[8]

---

5   Id., "Effectiveness of Long-Term Psychodynamic Psychotherapy: A Meta-Analysis". *Jama*, v. 300, n. 13, 2008, pp. 1551–65.
6   Ver Saskia de Maat et al., op. cit.
7   Ibid.
8   Flavio Mendes, "A eficácia da psicoterapia psicodinâmica". *Psicanálise Paralela 1*, online, 2019.

Psicodinâmicas	Terapias cognitivo-comportamentais
1. Foco no afeto e na expressão da emoção (associação livre).	1. Foco em temas cognitivos como sistemas de crença e pensamento.
2. Exploração de tentativas para evitar pensamentos e sentimentos perturbadores.	2. Diálogo com foco específico e tópicos introduzidos pelo terapeuta.
3. Identificação de temas e padrões recorrentes.	3. Atitude didática ou pedagógica.
4. Discussão de experiências passadas (foco no desenvolvimento).	4. Foco na situação de vida atual do paciente.
5. Foco nas relações interpessoais.	5. Orientações e conselhos explícitos.
6. Foco na relação terapêutica.	6. Discussões sobre o objetivo do tratamento para o paciente.
7. Exploração das fantasias.	7. Explicitação da racionalidade por trás da técnica e das intervenções.

Além do problema da continuidade e descontinuidade entre psicanálise e abordagens psicodinâmicas, há ainda um segundo, e talvez mais difícil, problema. Como falar, afinal de contas, em evidências em um sentido próprio e admissível pela psicanálise? Esse problema se desdobra mais uma vez. Para falar de evidências deveríamos antes distinguir evidências internas, produzidas pelos psicanalistas, e evidências externas, produzidas e partilhadas com outras disciplinas, com outros métodos e envolvendo provas extraclínicas.

Até aqui esperamos ter mostrado tanto os esforços da psicanálise em participar do debate da ciência como as fragilidades da recepção baseada em evidências. Agora vamos nos deter na crítica de que as evidências em favor da psicanálise são ruins, fracas, criticáveis ou obsoletas.

Na medida em que o enunciado "a psicanálise não possui evidências" é falso, como demonstramos acima, talvez ele devesse ser substituído por "a psicanálise apresenta evidências com as quais eu não concordo". Vimos que a PBE não é uma linha teórica, mas comporta-se como se fosse. Não é uma abordagem, mas uma meta-abordagem que se propõe comparar e qualificar evidências, atuando como o porteiro a quem devemos apresentar o tíquete para poder entrar no condomínio da ciência. Faz parte dessa retórica reunir num mesmo grupo todas as *bobagens* que ficam de fora desse condomínio: cromoterapia, homeopatia, espiritismo, feminismo, cientologia, teoria pós-moderna, marxismo, ufologia, teoria decolonial e "outros absurdos que não merecem ser levados a sério",[9] como a psicanálise.

De saída, é preciso dizer que há algo de muito verdadeiro no sintagma "levar a sério"... Como dizia o poeta curitibano Paulo Leminski, "distraídos venceremos", quer dizer, é preciso não levar as coisas demasiado a sério. Nem a psicanálise, nem a ciência, nem a evidência. É preciso saber rir. Uma das dificuldades da PBE talvez resida exatamente nessa incapacidade de rir de si mesma. Afinal, a "Psicologia Baseada em Evidências, a PBE" – talvez devêssemos usar aspas – não se apresenta como uma concepção entre outras dentro da psicologia, como a psicanálise, o behaviorismo, o cognitivismo, o interacionismo simbólico, o construtivismo ou a fenomenologia, mas como uma espécie de

9   N. Pasternak e C. Orsi, op. cit.

meta-abordagem que pretende julgar práticas, usando o crivo da "ciência" – também entre aspas – para excluir "más" práticas, simplesmente porque não apresentam as evidências julgadas adequadas. Aqui não há mais espaço para a diferença entre ciência e saber. Vimos que a não apresentação de "evidências" não permite concluir que se trata de uma má prática, porque a falta de evidências pode refletir apenas a ausência de esforços sistemáticos para produzi-las. Mas agora cabe perguntar: quem cria as evidências sobre os métodos de criação de evidências? Em outras palavras, se são Cristóvão carrega o mundo nas costas, quem é que está segurando são Cristóvão? Além disso, ainda há alguém, a essa altura, que acredite que o problema da evidência funciona nesses discursos muito mais como qualificativo moral do que como operador epistêmico?

A retórica de que os psicanalistas se furtam a oferecer evidências de resultados terapêuticos parece não envelhecer, reapresentando-se de tempos em tempos com os mesmos termos, os mesmos autores, e reproduzindo o mesmo nível de preconceito epistêmico.

Já nos anos 1990, bem antes da explosão de pesquisas sobre a eficácia positiva da psicanálise, encontramos um bom exemplo de que os psicanalistas não se negavam a produzir evidências sobre sua prática. Trata-se da extensa pesquisa longitudinal, realizada entre 1988 e 1996 na Suécia, sob o título Projeto de Resultados de Psicanálise e Psicoterapia de Estocolmo.[10] A pesquisa tinha por horizonte uma pergunta relevante para a Medicina Baseada em Evidências: seria producente para as políticas públicas, no âmbito do Estado e da saúde dos cidadãos, financiar tratamentos psicanalíticos de longa duração?

Os pesquisadores compararam o percurso de 1500 pessoas divididas em três grupos: pacientes tratados com psicanálise,

---

10 Rolf Sandell et al., "Diferença de resultados a longo prazo entre pacientes de psicanálise e psicoterapia". *Livro Anual de Psicanálise*, XVI, 2002, pp. 259-80.

14. Evidências da eficácia da psicanálise

paciente tratados com psicoterapia psicodinâmica de longo prazo e pacientes em fila de espera. Partiram do diagnóstico baseado na quarta edição do Manual Diagnóstico e Estatístico de Transtornos Mentais (DSM-IV), considerando os eixos dos sintomas, da personalidade e do funcionamento global. A situação do paciente era registrada em termos de qualidade de vida, profissão e saúde, bem como em escalas de avaliação de adaptação social e senso de coerência. Genericamente os casos foram considerados "bem perturbados".

Anualmente eles repetiam os registros e, em caso de término do tratamento, aplicavam um procedimento de avaliação de psicoterapia que verificava sintomas, capacidade adaptativa, insight sobre si, evolução de conflitos e mudança estrutural. Tais fatores eram ponderados contra a presença de eventos de mudança extraterapêutica. Do outro lado, foram levantados os perfis dos terapeutas e suas concepções clínicas. Os psicanalistas, formados pela Sociedade Sueca de Psicanálise, filiada à Associação Internacional de Psicanálise, realizaram em média 624 sessões, à razão de três a cinco sessões por semana, em tratamentos que duraram em média quatro anos e meio. Os psicoterapeutas psicodinâmicos eram formados pelo Centro Nacional de Saúde Mental e realizaram em média 233 sessões, à razão de uma a três sessões por semana, em tratamentos que duraram em média quatro anos. Além de quase quatrocentas sessões a mais, os psicanalistas eram em média mais velhos e mais experientes que os psicoterapeutas. Em comparação, os psicoterapeutas tinham mais experiência de trabalho em instituições e usavam expressões diferenciais de sua prática, tais como: objetivos concretos, ajuste a condições sociais, gentileza, autoexposição, admissão de erros. Contudo, 95% dos psicoterapeutas declararam que sua orientação psicanalítica era "forte" ou "bem forte".

O uso de medicação, a experiência prévia com tratamentos e a gravidade do quadro eram semelhantes nos dois grupos tratados, observando-se que a probabilidade de um paciente reincidir no quadro prévio e buscar novo tratamento, após o término de uma primeira experiência, foi duas vezes maior entre pacientes tratados por psicoterapia psicodinâmica do que do grupo de pacientes tratados com psicanálise. Os resultados indicaram que:

1. Nenhum fator específico pode ser associado à curva de mudança, seja ela negativa ou positiva, quer em psicoterapia psicodinâmica, quer em psicanálise.
2. A combinação de sessões semanais mais frequentes com maior duração do tratamento resulta na maior eficácia do tratamento.
3. Nem a subvenção nem o pagamento feito pelo paciente mudaram os parâmetros de eficácia, nem mesmo quando os pacientes dispunham de dinheiro para escolher ritmo e frequência das sessões. Isso vai contra o consenso de que responsabilizar-se pelo pagamento aumenta o engajamento e, consequentemente, melhora os resultados.
4. As psicoterapeutas e as psicanalistas mulheres saíram-se melhor do que os psicoterapeutas e psicanalistas homens, independentemente do gênero dos pacientes.
5. Quanto maior a duração da análise ou psicoterapia por que passaram os clínicos, e quanto maior o tempo dedicado à supervisão clínica, melhores eram os resultados.
6. Quanto mais o clínico entende sua prática como um trabalho artístico e menos como um artesanato científico, melhores eram os resultados.
7. Os pacientes de psicoterapia psicodinâmica saíam-se mal quando seus psicoterapeutas (por autoavaliação) apresentavam baixos níveis de gentileza, insight, autoexposição, neutralidade e arte, mas, para os analisandos, esses critérios não fizeram diferença nos resultados.
8. A autoavaliação pós-tratamento, em ambos os grupos, indica melhora na situação de bem-estar e redução de sintomas, mas,

14. Evidências da eficácia da psicanálise

curiosamente, apresenta elevação de absenteísmo laboral, uso de serviços de saúde e seguro social.

9. As piores curvas de evolução foram encontradas entre os psicoterapeutas que conduziam o tratamento de maneira psicanalítica pouco adequada, sem formação específica ou supervisão.

Tamanho do efeito	Psicanálise	Psicoterapia	Referência
Eficácia geral	1,55 (muito alta)	0,6 (mediana)	0,8
Senso de coerência e bem-estar	1,8	0,34	
Passagem de nível clínico para subclínico	12% para 70%	33% para 55%	
Adaptação social	0,45	0,44	

Resultados ainda mais robustos em termos de confiabilidade metodológica acerca da eficiência e eficácia da psicanálise serão encontrados na pesquisa continuada da dupla de alemães Falk Leichsenring e Sven Rabung, cuja saga aqui resumimos.

Em 2008, Leichsenring e Rabung publicam uma metanálise que mostra resultados superiores da psicoterapia psicodinâmica de longo prazo, dentre as quais a psicanálise (em inglês, LTPP) em relação a todas as outras formas de psicoterapia. A LTPP mostrou resultados significativamente mais elevados em termos de eficácia global, problemas-alvo e funcionamento da personalidade do que formas mais curtas de psicoterapia. No que diz respeito à eficácia global, um tamanho de efeito entre grupos de 1,8 (intervalo de confiança (IC[11]) de 95%, 0,7-3,4) indicou que, após o tratamento com LTPP, os pacientes com perturbações mentais complexas estavam, em média, melhor do que 96% dos pacientes nos grupos de comparação (P = 0,002).[12] De acordo com as análises de subgrupo, a LTPP produziu tamanhos de efeito significativos, grandes e estáveis dentro do grupo, em várias perturbações mentais particularmente complexas (intervalo de 0,78-1,98), portanto há evidências de que a LTPP é um tratamento eficaz para transtornos mentais complexos.

No ano seguinte, os resultados foram questionados em razão das técnicas estatísticas escolhidas.[13] Imediatamente, Leichsenring e Rabung refazem a metanálise original, aumentando a qualidade de seus critérios metodológicos, em estudo publicado em 2011.[14] Desta feita, explicitam melhor os critérios de inclusão: terapia com duração de pelo menos um ano ou cinquenta sessões; condições de comparação ativa; projeto prospectivo; medidas de resultados confiáveis e validadas; e tratamentos encerrados. Foram incluídos dez estudos, com 971 pacientes no total. Os resultados apontaram tamanhos de efeito entre grupos a favor da LTPP, em comparação com formas menos intensivas (dose

---

11 Em estatística, intervalo de confiança (IC) é um tipo de estimativa por intervalo de um parâmetro populacional desconhecido. O intervalo observado (calculado a partir de observações) pode variar de amostra para amostra e com dada frequência (nível de confiança) inclui o parâmetro de interesse real não observável.

12 O valor-p é definido como a probabilidade de observar um valor da estatística de teste maior ou igual ao encontrado. Tradicionalmente, o valor de corte para rejeitar a hipótese nula é de 0,05, o que significa que, quando não há nenhuma diferença, um valor tão extremo para a estatística de teste é esperado em menos de 5% das vezes.

13 Levente Kriston, Lars Hölzel e Martin Härter, "Analyzing Effectiveness of Long-Term Psychodynamic Psychotherapy". *Jama*, v. 301, n. 9, pp. 930-33.

14 F. Leichsenring e S. Rabung, "Long-Term Psychodynamic Psychotherapy in Complex Mental Disorders", op. cit.

14. Evidências da eficácia da psicanálise

mais baixa) de psicoterapia, variando entre 0,44 e 0,68, o que confirma que a LTPP é superior a formas menos intensivas de psicoterapia em transtornos mentais complexos.

Não contentes, em 2013, os autores afirmam que haveria cada vez mais provas de ensaios controlados e aleatórios que apoiam a eficácia da psicoterapia psicodinâmica (em inglês, PDT) em perturbações mentais específicas. No entanto, as provas da eficácia da PDT não passaram sem contestação. Várias respostas abordaram essas preocupações, mostrando que a maior parte das críticas não era justificada. Ainda assim, a evidência da PDT continuou a ser frequentemente ignorada, rejeitada ou apresentada de forma distorcida.

Ainda em 2013 é realizada uma análise crítica da metanálise de Smit et al.[15] Desta vez foram realizadas duas novas metanálises com estudos não incluídos em metanálises anteriores. O objetivo era examinar se os resultados das metanálises anteriores eram estáveis. Em virtude de diferentes critérios de inclusão, a metanálise de Smit et al. comparou, na verdade, a LTPP a outras formas de psicoterapia de longo prazo. Assim, eles mostraram essencialmente que a LTPP era tão eficaz quanto outras formas de terapia de longo prazo. Por esse motivo, a metanálise de Smit et al. não questiona os resultados de metanálises anteriores que mostram que a LTPP é superior a formas mais curtas de psicoterapia. Além disso, foi demonstrado que a metanálise de Smit et al. sofria de várias deficiências metodológicas. As novas metanálises que foram realizadas não encontraram desvios significativos em relação aos resultados anteriores. Em transtornos mentais complexos, a LTPP demonstrou ser significativamente superior a formas mais curtas de terapia, corroborando os resultados de

---

15 Yolba Smit et al., "The Effectiveness of Long-Term Psychoanalytic Psychotherapy: A Meta-Analysis of Randomized Controlled Trials". *Clinical Psychology Review*, v. 32, n. 2, 2012, pp. 81-92.

metanálises anteriores. Os dados sobre as relações dose-efeito sugerem que, para muitos pacientes com transtornos mentais complexos, inclusive transtornos mentais crônicos e transtornos de personalidade, a psicoterapia de curto prazo não é suficiente. Para esses pacientes, podem ser indicados tratamentos de longo prazo. As metanálise s apresentadas aqui fornecem mais suporte para a LTPP nessas populações.[16]

Passados quatro anos, uma nova metanálise confirmaria resultados anteriores.[17] Vinte e três estudos controlados e randomizados, com 2 751 pacientes, foram incluídos nessa nova metanálise. A qualidade média dos estudos foi boa, conforme métodos de classificação confiáveis. As análises estatísticas mostraram equivalência entre a terapia psicodinâmica e as condições de comparação para os sintomas-alvo no pós-tratamento (g = -0,153, IC de 90% de equivalência = -0,227 a -0,079) e no acompanhamento (g = -0,049, IC de 90% de equivalência = -0,137 a -0,038), porque ambos os ICs foram incluídos no intervalo de equivalência (-0,25 a 0,25). Conclusão: os resultados sugerem a equivalência de robustez de evidências entre terapia psicodinâmica e outros tratamentos de eficácia comprovada.

De fato, tudo indica que a psicoterapia psicodinâmica de longo prazo pode ser superior a outras formas de psicoterapia no tratamento de transtornos mentais complexos, no qual a força de seu efeito representou ganho adicional em relação a outras formas de psicoterapia, principalmente de longo prazo. Reanálise estatística das metanálises de Falk Leichsenring, Allan Abbass, Patrick Luyten, Mark Hilsenroth e Sven Rabung[18] encontraram

---

16 F. Leichsenring et al., "The Emerging Evidence for Long-Term Psychodynamic Therapy". *Psychodynamic Psychiatry*, v. 41, n. 3, 2013, pp. 361–84.

17 Christiane Steinert et al., op. cit.

18 Christian Woll e Felix Schönbrodt, "A Series of Meta-Analytic Tests of the Efficacy of Long-Term Psychoanalytic Psychotherapy". *European Psychologist*, v. 25, n. 1, pp. 1–22, dez. 2019.

evidências da eficácia da psicoterapia psicodinâmica de longo prazo no tratamento de transtornos mentais complexos, e a força do efeito terapêutico nas replicações foram, em geral, um pouco menores. Uma nova metanálise atualizada de ensaios clínicos randomizados comparando a psicoterapia psicodinâmica de longo prazo (com duração de pelo menos um ano e quarenta sessões) com outras formas de psicoterapia no tratamento de transtornos mentais complexos, e usando critérios de pesquisa transparente, de acordo com os padrões de ciência aberta, com procedimentos meta-analíticos e controle de viés (incluindo 191 tamanhos de efeito e 14 estudos elegíveis), revelou tamanhos de efeito pequenos e estatisticamente significativos no pós-tratamento para os domínios de resultados de sintomas psiquiátricos, problemas-alvo, funcionamento social e eficácia geral (Hedges' G variando entre 0,24 e 0,35). O tamanho do efeito para o domínio funcionamento da personalidade (0,24) não foi significativo (p = 0,08). Não foram detectados sinais de viés de publicação.

Finalmente, em 2023, uma revisão sistemática confirma os resultados em guarda-chuva dos achados anteriores.[19] Dizem os autores no resumo do artigo:

> Para avaliar o estado atual da psicoterapia psicodinâmica (PDT) como um tratamento empiricamente apoiado [Empirically-Supported Treatment – EST], realizamos uma revisão sistemática pré-registrada que abordou a evidência para a PDT em transtornos mentais comuns em adultos, com base num modelo atualizado para ESTs. Seguindo esse modelo, concentramo-nos em metanálises de ensaios clínicos aleatórios [Randomized Clinical Trials – RCTs]

---

19 F. Leichsenring et al., "The Status of Psychodynamic Psychotherapy as an Empirically Supported Treatment for Common Mental Disorders: An Umbrella Review Based on Updated Criteria". *World Psychiatry*, v. 22, n. 2, 2023, pp. 286-304.

publicados nos últimos dois anos para avaliar a eficácia. Além disso, revisamos as provas de eficácia, custo-eficácia e mecanismos de mudança. As metanálises foram avaliadas por pelo menos dois avaliadores, que utilizaram os critérios atualizados propostos, ou seja, tamanhos dos efeitos, risco de viés, inconsistência, indirectidade, imprecisão, viés de publicação, fidelidade do tratamento e sua qualidade, bem como a dos estudos primários. Para avaliar a qualidade da evidência, aplicamos o sistema Grade.[20] Uma pesquisa sistemática identificou metanálises recentes sobre a eficácia da PDT em transtornos depressivos, de ansiedade, de personalidade e de sintomas somáticos. Evidências de alta qualidade nos transtornos depressivos e de sintomas somáticos e evidências de qualidade moderada nos transtornos de ansiedade e de personalidade mostraram que a PDT é superior às condições de controle (inativas e ativas) na redução dos sintomas-alvo com tamanhos de efeito clinicamente significativos. Evidências de qualidade moderada sugerem que a PDT é tão eficaz quanto outras terapias ativas nesses transtornos. Os benefícios da PDT superam seus custos e danos. Além disso, foram encontradas provas dos efeitos a longo prazo, da melhoria do funcionamento, da eficácia, da relação custo-eficácia e dos mecanismos de mudança nos transtornos acima referidos. Existem algumas limitações em áreas específicas da investigação, como o risco de enviesamento e a imprecisão, que são, no entanto, comparáveis às de outras psicoterapias baseadas em evidências. Assim, de acordo com o modelo EST atualizado, a PDT provou ser um tratamento empiricamente apoiado para transtornos mentais comuns. Das três opções de recomendação fornecidas pelo modelo atualizado (isto é, "muito forte", "forte" ou "fraca"), os novos critérios EST sugerem que uma recomendação forte para o tratamento dos transtornos men-

---

20 Grading of Recommendations, Assessment, Development, and Evaluations [Classificação de Recomendações, Aferição, Desenvolvimento e Avaliações].

tais acima mencionadas com a PDT é a opção mais apropriada. *Em conclusão, a PDT representa uma psicoterapia baseada em evidências.* Esse fato é clinicamente importante, uma vez que não existe uma abordagem terapêutica única que se adeque a todos os pacientes psiquiátricos, como demonstram as taxas de sucesso limitadas de todos os tratamentos baseados em evidências.[21]

É preciso reconhecer, contudo, que pesquisas em psicoterapia, diante de testes específicos para detecção de vieses, delineamento experimental e uso da estratégia Pico[22] costumam apresentar baixa confiança metodológica se comparadas a terapias em alguns ramos da medicina, por exemplo. Isso não invalida os resultados apresentados acima, mas coloca em questão a qualidade dos meios para obtê-los e seu grau de confiabilidade. Os resultados não são falsos, mas não fornecem o grau de certeza esperado. Qual nossa tolerância à incerteza no campo das psicoterapias? De uma maneira ou de outra, nas várias metanálises apresentadas, psicoterapias psicodinâmicas e psicanálise mostraram-se muito eficazes e consistentemente mais eficientes do que as terapias cognitivo-comportamentais, por exemplo.

Além disso, é preciso reconhecer que a discussão acerca do que constituem evidências de boa qualidade, quais métodos devem ser empregados para estabelecer a eficácia de uma terapia e quais as melhores formas de medir resultados são campos em disputa. Não existe um campo neutro, nem do ponto de vista epistemoló-

---

21 F. Leichsenring et al., "The Status of Psychodynamic Psychotherapy as an Empirically Supported Treatment for Common Mental Disorders", op. cit.

22 Acrônimo para: população/pacientes; intervenção; comparação/controle; desfecho. Descreve critérios para delineamento de pesquisa e escolha de estratégias adequadas de pesquisa. Ver Cristina M. C. Santos, Cibele A. M. Pimenta e Moacyr R. C. Nobre, "The PICO Strategy for the Research Question Construction and Evidence Search". *Revista Latino-americana de Enfermagem*, n. 15, v. 3, pp. 508-11.

gico, nem político, nem clínico acerca desses problemas. Longe da paisagem sonhada por alguns em que evidências neutras forneceriam critérios confiáveis que nos permitiriam separar o joio do trigo, o cenário é totalmente diverso. Critérios de evidência produzidos para a pesquisa em medicina não podem ser aplicados sem um conjunto de mediações para avaliar práticas de psicologia clínica, e não apenas de psicanálise.[23]

Isso sem falar que na própria medicina a questão não é tão pacificada como se supõe. Quer dizer, apenas em algumas áreas da medicina os estudos mostram uma excelente qualidade de pesquisa.[24] Entre elas estão as pesquisas sobre alfabetização em saúde, triagem de câncer[25] e diretrizes de prática clínica para o tratamento de trans-

---

23 Geoffrey M. Reed, John F. Kihlstrom e Stanley B. Messer, "What Qualifies as Evidence of Effective Practice?", in John C. Norcross, Larry E. Beutler e Ronald F. Levant (orgs.), *Evidence-Based Practices in Mental Health: Debate and Dialogue on the Fundamental Questions*. Washington: American Psychological Association, 2006, pp. 13–55.

24 "Ao classificar a confiança geral nos resultados das RS [revisão sistemática] de acordo com Shea et al. (2017), apenas quatro revisões foram classificadas como 'alta' (três delas Revisões Cochrane), duas como 'moderada', uma como 'baixa' e 53 como 'criticamente baixa'. [...] A qualidade metodológica das RS sobre intervenções farmacológicas e psicológicas para depressão maior em nossa amostra atual e representativa foi decepcionante. [...] Por outro lado, apenas em algumas áreas da medicina os estudos mostraram uma boa qualidade de RS. Elas incluem alfabetização em saúde e triagem de câncer (Sharma & Oremus, 2018) e RS referenciadas em diretrizes de prática clínica para o tratamento de transtorno por uso de opioides (Ross et al., 2017)" (Katja Matthias et al., "The Methodological Quality of Systematic Reviews on the Treatment of Adult Major Depression Needs Improvement according to Amstar 2: A Cross-Sectional Study", *Heliyon*, v. 6, n. 9, 2020).

25 Sakshi Sharma e Mark Oremus, "Prisma and Amstar Show Systematic Reviews on Health Literacy and Cancer Screening Are of Good Quality". *Journal of Clinical Epidemiology*, v. 99, 2018, pp. 123–31.

14. Evidências da eficácia da psicanálise

torno por uso de opioides.[26] Um amplo estudo sobre a qualidade da pesquisa farmacológica e psicoterapêutica com depressão maior[27] examinou a confiança geral nos resultados das pesquisas de acordo com Amstar 2 e chegou ao seguinte resultado: "A qualidade metodológica das pesquisas sobre intervenções farmacológicas e psicológicas para depressão maior em nossa amostra atual e representativa foi decepcionante".[28] Apenas quatro revisões foram classificadas como "alta" (três delas Revisões Cochrane), duas como "moderada", uma como "baixa" e 53 como "criticamente baixa".

É bastante claro, aliás, que quanto mais nos aproximamos do campo do sofrimento psíquico e seus sintomas, mais complexas as coisas ficam, e mais opacas as próprias evidências. Em outras palavras, quanto mais complexa uma intervenção, maior a heterogeneidade e maior a chance de redução na qualidade do delineamento experimental e da qualidade final da evidência produzida.[29] Um estudo que quisesse realmente reduzir vieses tão complexos como os que atribuímos às intervenções psicanalíticas teria de modular pelo menos doze fatores de homogeneização da amostra:[30] sintomas DSM mais comorbidades, reação do paciente à psicopatologia, massa corporal, personalidade, nível de inteligência, regulação de emoções, adoecimentos, passagem por tratamentos médicos (não psicoterápicos), desemprego, con-

---

26 Andrew Ross et al., "Methodological Quality of Systematic Reviews Referenced in Clinical Practice Guidelines for the Treatment of Opioid Use Disorder". *PloS One*. 2017, v. 12, n. 8, 2017.

27 Berveley J. Shea et al., "Amstar 2: A Critical Appraisal Tool for Systematic Reviews That Include Randomised or Non-Randomised Studies of Healthcare Interventions, or Both". *BMJ*, v. 358, 2017.

28 Katja Matthias et al., op. cit.

29 *Novo manual da Fundação Cochrane*, online.

30 Marianne Leuzinger-Bohleber, Cord Benecke e Stephan Hau. *Psychoanalytische Forschung: Methoden und Kontroversen in Zeiten wissenschaftlicher Pluralität*. Stuttgart: Kohlhammer, 2015, p. 197.

dição laboral, desenvolvimento social e qualidade de vida. Além disso, teria de incluir dimensões de complexidade envolvendo: a) intervenções com múltiplos componentes; b) intervenções em que ocorre significativa interação com o contexto; c) intervenções introduzidas em sistemas complexos.

Adaptadas aos padrões de nossa realidade brasileira atual, seria preciso considerar marcadores de raça, gênero, classe social e assim por diante, pois nenhum sofrimento psíquico é isolável, sem perda de sua substância mesma, do contexto biopsicossocial no qual se expressa e se configura.

Tudo somado, os resultados obtidos sugerem que mesmo jogando no campo do adversário, mesmo aceitando as regras do adversário, e mesmo desconfiando da idoneidade dos juízes, ainda assim a psicanálise saiu em vantagem. O que ocorreria se o cenário fosse outro? É de conhecimento de todos que a psicanálise contém uma forte crítica a modelos adaptativos ou normativos de cura, assim como à forma supostamente neutra como sintomas psíquicos são categorizados nos manuais psiquiátricos mais conhecidos. Depois de Freud a psicanálise tornou-se um importante discurso de crítica à uniformização moral, epistêmica e técnica que muitas vezes governa a psicologia. Sua crítica é hoje mais contra o discurso da tecnociência e da pseudotecnologia do que contra a ciência em si, enquanto dispositivo de emancipação e conhecimento. Como disse Sven Hansson, um dos renovadores da questão da pseudociência, contra Mario Bunge, um dos mais arcaicos defensores da demarcação:

> Vamos nos voltar agora para o critério de qualidade da ciência. O que legitima a ciência é o fato de ela fornecer, em cada momento, as informações epistemicamente garantidas em suas áreas de conhecimento disponíveis naquele momento. Muitas tentativas foram feitas para especificar regras filosóficas para determinar se uma declaração ou prática satisfaz esse critério. Argumentei em outro lugar que sem

14. Evidências da eficácia da psicanálise 207

o desenvolvimento incessante da ciência, que envolve mudanças fundamentais nos modos de inferência, não é possível uma especificação sem tempo do critério de garantia epistêmica. [...] Para os nossos propósitos atuais, podemos deixar em aberto se o critério de "informações atualmente mais garantidas epistemicamente" pode ou não ser especificado com critérios metodológicos atemporais.[31]

Não é difícil rebater o pseudoargumento da alegada falta de evidências da psicanálise, tampouco afirmar categoricamente que psicanálise não é uma pseudociência. Mas o melhor de tudo isso é que tudo isso é nada.

São Tomás de Aquino escreveu a *Suma teológica*[32] entre os anos 1265 e 1273. A *Suma* é dividida em 512 questões, nas quais se trata da fé, da esperança, da caridade, da justiça e assim por diante. Estima-se que a obra compreenda cerca de 1,5 milhão de palavras, dispostas em cerca de 2 500 capítulos. No final de sua obra e de sua vida, Tomás de Aquino, depois de uma experiência mística de contemplação divina, afirma que tudo aquilo que havia escrito não era nada: "*sicut palea*". Literalmente, *sicut palea* quer dizer "como palha", e foi por causa desse resto – e não por sua obra magnífica – que Tomás foi tornado santo. Lacan refere-se a essa expressão em mais de uma ocasião e traduz esse resto de outra forma: "*sicut palea*: como o esterco".[33]

Depois de mostrar as evidências da psicanálise e de desmontar o argumento sobre sua alegada pseudocientificidade, mostraremos que o que é crucial na experiência psicanalítica tem pouco a ver com os termos com os quais o debate tem sido colocado nos últimos tempos. *Sicut palea*.

---

31 S. O. Hansson, "With all this Pseudoscience, Why so Little Pseudotechnology?", op. cit., p. 233.

32 Tomás de Aquino, *Suma Teológica*. São Paulo: Eclesiae, 2018.

33 J. Lacan, O seminário. Livro xx: *Mais ainda* [1967], trad. M. D. Magno. Rio de Janeiro: Zahar, 2001, p. 254.

— ANATOMIA DO MÉTODO CIENTÍFICO EM PSICANÁLISE

Para a filosofia natural, tudo o que é percebido está na natureza. Nós não podemos escolher só uma parte. Para nós, o fulgor avermelhado do poente deve ser parte tão integrante da natureza quanto o são as moléculas e as ondas elétricas por intermédio das quais os homens da ciência explicariam o fenômeno.
Alfred Whitehead

15. A estética do método

Galileu Galilei costuma ser lembrado como o audacioso fundador da ciência moderna que teria tido a coragem de apontar seu telescópio para o céu para buscar a verdade sobre a revolução dos corpos celestes, em vez de procurá-la na Bíblia. Conclui-se daí que

> [...] a autoridade especial da ciência quando o assunto é descrever, controlar e prever a realidade factual e o mundo natural não é uma "questão de gosto ou de crença". Nesse caso, a ciência não é apenas "mais uma lógica" entre outras: é o uso mais correto e refinado possível das ferramentas comuns que, de uma maneira ou de outra, sustentam todas as "lógicas" da humanidade.[1]

Não há muita dúvida de que Galileu pode ser considerado um dos fundadores da física moderna e que seu modo de pensar revolucionou a maneira como fazemos ciência desde então. Sem dúvida, a lógica envolvida no pensamento científico não é uma lógica qualquer e nossa confiança na ciência deriva em grande parte da combinação entre teoria, evidência, crítica e assim por diante. Mas daí a dizer que as descobertas de Galileu derivam estritamente da observação e da indução, e que afastam fatores extracientíficos, como a questão do "gosto", é não apenas

---

1 N. Pasternak e C. Orsi, op. cit., p. 12.

incorrer em simplificação mas também cometer erros factuais grosseiros. Para quem fala em nome da ciência deveria ser, no mínimo, constrangedor usar uma narrativa mistificadora. Os exemplos contra essa narrativa mistificadora são tão abundantes e os argumentos tão assentados que não vale a pena nos estendermos muito no assunto.

Será mais uma vez preciso defender a ciência contra seus admiradores? Basta lembrar, por exemplo, que

> [...] não foi olhando o grande candelabro da catedral de Pisa que Galileu descobriu o isocronismo do pêndulo, até porque esse candelabro só foi colocado ali depois de sua partida da cidade natal [...]. Foi estudando matematicamente, a partir das leis do movimento acelerado que ele havia estabelecido por uma dedução racional, a queda dos corpos pesados ao longo das cordas de um círculo colocado verticalmente.[2]

Se a física moderna dependesse dos experimentos concretos de Galileu, não haveria física moderna: boa parte deles não ocorreu ou ocorreu apenas como experimentos mentais. A fina ironia de Salviati respondendo aos argumentos de Simplício contra o movimento da Terra são dignas de leitura.[3]

É preciso lembrar que os principais opositores de Galileu não foram os religiosos, mas a própria comunidade científica da época. Contra uma interpretação ingênua do papel da evidência neutra na ciência, sabemos, há bastante tempo, que a experimentação "pressupõe e implica uma linguagem na qual se formulam as per-

---

2   S. M. F. Simões, "From Uncertainity to Accuracy: Reflexions about Nursing Care under the Perspective of Heidegger's Theory". *Online Brazilian Journal of Nursing*, online, 2002.

3   Cf. Galileu Galilei, *Diálogo sobre os dois máximos sistemas do mundo ptolomaico e copernicano* [1632], trad. Pablo Rubén Mariconda. São Paulo: Editora 34, 2011.

guntas, como um dicionário nos permite ler e interpretar as respostas".[4] Com efeito, para o *mainstream* dos cientistas do tempo de Galileu não fazia sentido procurar a exatidão matemática, porque "a natureza do ser físico é qualitativa e vaga. Ela não se enquadra na rigidez e precisão dos conceitos matemáticos".[5] O coro da ciência normal do tempo de Galileu afirmava em uníssono que aplicar a matemática ao mundo sublunar era nem mais nem menos do que "impossível".[6] Ao tratar, por exemplo, do movimento retilíneo uniforme, que só pode ser produzido no vácuo, ou seja, não pode ser observado na experiência comum, o cientista normal do século de XVI não vê senão uma extravagância:

> [...] não é surpreendente que o [cientista] aristotélico se tenha sentido pasmado e perdido diante desse alucinante esforço para explicar o real pelo impossível ou, o que dá no mesmo, para explicar o ser real pelo ser matemático, porque, como já afirmei, os corpos que se movem em linha reta num espaço vazio infinito não são corpos reais que se deslocam num espaço real, mas corpos matemáticos que se deslocam num espaço matemático.[7]

Até mesmo o uso de instrumentos científicos, como o cronômetro ou o telescópio, depende de uma teoria prévia que garanta a veracidade dos dados obtidos por meio dos instrumentos – o que depende de mudanças na vida social que introduzam a necessidade prática da precisão.

A reconstrução cuidadosa do empreendimento científico de Galileu e da mistificação do papel da observação pura e do indu-

---

4 Alexandre Koyré, *Estudos de história do pensamento científico* [1950], trad. Márcio Ramalho. Brasília: Forense Universitária, 1982, p. 154.
5 Ibid., p. 168.
6 Ibid.
7 Ibid., p. 166.

15. A estética do método

tivismo ingênuo foi realizada por vários autores há pelo menos meio século.[8] Mas o ponto que gostaríamos de destacar aqui é outro: o papel de fatores extracientíficos – a "precisão", derivada da vida social da época, assim como a questão do "gosto", por exemplo – em escolhas científicas.

Em um texto célebre, que mereceria leitura atenta, Alexandre Koyré mostra como se imbricam atitude *estética* e pensamento *científico*. Galileu, por exemplo, teria recusado a elipse mais por resistência à anamorfose e à estética que lhe é vinculada do que por argumentos científicos. Galileu detestava e combatia "a sobrecarga, o exagero, as contorções, o alegorismo e a mistura de gêneros do maneirismo"[9] e adotava uma atitude clássica, "com sua insistência na clareza, na sobriedade e na 'separação dos gêneros' – a saber, da ciência, de um lado, e da religião ou da arte, de outro".[10] Se ele ignorou as descobertas de Kepler, que mais tarde se mostrariam fundamentais para a consolidação do sistema copernicano, é porque não pôde superar sua "obsessão pela circularidade".[11] Kepler, de alguma maneira, ainda é herdeiro daquilo que Foucault caracterizou como "prosa do mundo", e prova disso é sua concepção animista do mundo: "sua atribuição ao Sol de uma alma motora em virtude da qual ele gira em torno

---

8 Cf. id., *Études galiléennes*. Paris: Hermann, 1966. Cf. também, do mesmo autor, "Galileu e a revolução científica do século XVII" e "Galileu e Platão", ambos em *Estudos de história do pensamento científico*, op. cit. Mesmo que a crítica já tenha mostrado que a insistência de Koyré no platonismo de Galileu não faça sentido, nada disso invalida sua crítica a uma versão empirista ingênua. Nos últimos cinquenta anos, a pesquisa histórica e epistemológica avançou bastante, mas ninguém continua a sustentar uma versão indutivista ingênua da revolução científica do século XVII.

9 Id., *Estudos de história do pensamento científico*, op. cit., p. 261.

10 Ibid., p. 263.

11 Ibid., p. 267.

de si mesmo".[12] Não obstante suas crenças extravagantes, acerca do animismo do universo ou da música das esferas, Kepler fez contribuições decisivas para a ciência, como a teoria das órbitas elípticas. Há mais coisas entre o céu (de Kepler) e a luneta (de Galileu) do que supõem nossos divulgadores científicos. Em suma, não foram razões científicas – ou justificáveis epistemologicamente – que levaram Galileu a rejeitar as órbitas elípticas de Kepler. Foi uma combinação de atitude estética e de crenças metafísicas gerais.

"O que quer dizer, em última análise, que ele rejeitou as elipses keplerianas pela simples razão de que eram elipses... e não, como deviam ser, círculos".[13] É esse classicismo de Galileu que o impede de considerar a hipótese de Kepler. O obstáculo é, antes, de ordem estética do que epistemológica: "Galileu tinha pela elipse a mesma insuperável aversão que nutria pela anamorfose".[14] Galileu descartou a astronomia kepleriana pelo simples fato de que a considerava maneirista e contrária à ideia de que o círculo é uma forma mais perfeita que a elipse. A conclusão de Koyré é magnífica: "o purismo é algo perigoso. E o exemplo de Galileu – de resto, não o único – bem mostra que é preciso não exagerar em coisa alguma. Nem mesmo na exigência de clareza".[15]

A atitude estética de Galileu funcionou como um obstáculo ao seu pensamento científico. Mas o contrário pode acontecer? Recursos estéticos ou literários ou poéticos podem desempenhar algum papel em descobertas científicas ou mesmo em sua formalização? As últimas linhas de *Além do princípio de prazer* são luminosas a esse respeito. Pressionado pelos impasses impostos pela clínica das neuroses de guerra, Freud reformula a teoria

---

12　Ibid., p. 269.
13　Ibid., p. 265.
14　Ibid., p. 266.
15　Ibid., p. 270.

15. A estética do método　　　　　　215

que havia funcionado por cerca de duas décadas como um dos princípios fundamentais do funcionamento psíquico: a primazia do princípio de prazer na regulação do psiquismo. Ao encerrar o volume, afirma:

> [...] a isso se juntam inúmeras outras questões, às quais agora não é possível responder. Temos de ser pacientes e esperar por outros meios e ocasiões para a investigação. E também devemos permanecer preparados para abandonar novamente um caminho que perseguimos por algum tempo, se parecer que ele não nos leva a nada de bom. Só aqueles crédulos que exigem da ciência um substituto para o catecismo abandonado levarão a mal o pesquisador por desenvolver ou por até mesmo reformular seus pontos de vista. [...] "O que não podemos alcançar voando, precisamos alcançar mancando".[16]

Do catecismo abandonado, alguns preservam a lógica de que *aqueles que não estão comigo estão contra mim*. Criticar vira sinônimo de negar. Funciona mais ou menos assim: psicanalistas criticam e, portanto, negam a ciência porque não têm credenciais científicas suficientes. Aplicam critérios de ciência de hoje ao que era considerado científico à época de Freud. Permanecem aderidos à autoridade do mestre fundador da psicanálise, sem acrescentar os achados científicos posteriores. Acreditam em entes ideais e substâncias psicológicas que o progresso descartou. Essa crítica, além de materialmente equivocada, desconhece os motivos internos pelos quais a psicanálise permanece reticente não à ciência, mas à imposição da soberania de método desta, em função da qual toda e qualquer pesquisa deve ser feita por meio de estudos randomizados com duplo-cego e placebo. Essa dificuldade não é incontornável, como vimos nos capítulos anteriores,

---

16 S. Freud, *Além do princípio de prazer* [1920], trad. Maria Rita Salzano Moraes. Belo Horizonte: Autêntica, 2020, p. 205.

mas "força a elipse a se comportar como um círculo", uma vez que o escopo de transformação sobre a qual a psicanálise opera é a linguagem, e não o comportamento observável. Apesar de algumas notícias promissoras na pesquisa com análise de discurso, não se encontrou um modo de analisar mudanças no uso da linguagem de forma semelhante à análise das transformações que encontramos no funcionamento do organismo e do comportamento. Isso passa, por exemplo, por sutilezas "estéticas", como a diferença entre *o que é dito* e *o modo de dizer*. Até mesmo a definição do que vem a ser o "objeto tratável" pelo método psicanalítico é controversa, uma vez que psicopatólogos de todas as tendências concordam em substituir o conceito de "doença" pelo de "transtorno" para acomodar essa diferença.

Muitos notaram a imbricação entre escrita literária e escrita científica em psicanálise. O assunto está longe de ser secundário. Mas ainda há aqueles que insistem em ver nessa natureza dupla da psicanálise uma fraqueza, e não uma força. Na crítica publicada recentemente, nossos autores afirmam que Freud "estava mais preocupado em contar uma boa história do que em ser fiel aos fatos: um romancista (ou publicitário), não um clínico",[17] invertendo totalmente o sentido da fonte da qual extraem esse julgamento, ou seja, Patrick Mahony, um estudioso do discurso de Freud.[18]

Uma leitura atenta da obra de Freud exigiria uma inversão, à maneira de um quiasma, entre os dois sintagmas propostos por Koyré. No caso freudiano, trata-se muito mais, a nosso ver, de atitude *científica* e pensamento *estético* (e não do contrário). O que Freud encontra em seus heróis cientistas é menos um conteúdo doutrinário, um método ou um modelo de conheci-

---

17 N. Pasternak e C. Orsi, op. cit., p. 164.

18 Cf. Patrick Mahony, *Freud and the Rat Man*. London: Yale University Press, 1986.

15. A estética do método

mento, e mais uma *atitude diante do saber instituído*. Se "existem alguns métodos científicos, mas um espírito e um só tipo de visão propriamente científico",[19] a psicanálise parece respeitar todos os principais quesitos implicados nessa perspectiva, a saber: 1) tomar a realidade como metaconceito e o conhecimento como representação do real; 2) separar descrição, explicação e intervenção; 3) apresentar critérios de validação; e 4) expor seus resultados e hipóteses ao controle público. Ademais, ela parece responder a "fatos virtuais, ou seja, [...] fatos esquemáticos *completamente determinados na rede de conceitos da própria teoria, mas incompletamente determinados* enquanto realizáveis aqui e agora numa experiência".[20] E é um exemplo entre outros do "obstáculo único, mas radical [para a ciência], que me parece ser a realidade individual dos acontecimentos e dos seres."[21]

A psicanálise freudiana não seria possível sem uma peculiar coabitação de duas vertentes aparentemente heterogêneas: a escrita científica e a escrita literária, cada uma com suas exigências próprias. Desde bastante cedo, por volta dos anos de invenção da psicanálise, Freud já exercia esse duplo talento. De um lado, o arguto observador, interessado em descobrir leis que governam processos psíquicos aparentemente desprovidos de sentido e voltado a descrever relações causais entre eventos psíquicos diversos; de outro lado, o narrador literário, instado a descrever sonhos ou casos clínicos com riqueza de detalhes indiscretos, num registro linguístico pouco habitual nas ciências naturais. De um lado, o *Naturforscher* (o investigador da natureza); de outro lado, o *Dichter* (o poeta, o escritor). "Freud teve a coragem de introduzir no espaço do saber científico a figura do *Dichter*,

---

19 Gilles-Gaston Granger, *A ciência e as ciências*, trad. Roberto Leal Ferreira. São Paulo: Ed. Unesp, 1993, pp. 45-49.

20 Ibid., p. 65; grifos nossos.

21 Ibid., p. 70.

do poeta [...]. Fez do poeta um dos interlocutores primordiais de sua obra. Reconhecia na *Dichtung* [literatura, ficção, poesia] um acesso privilegiado à verdade psíquica."[22]

De fato, a objetividade de um sonho ou de um caso clínico depende da construção narrativa desse material. O momento propriamente analítico, isto é, a decomposição em partes, a investigação das distorções e deformações impostas ao material depende, obviamente, do modo como esse mesmo material foi constituído, disposto, apresentado. Todo objeto científico é sempre uma construção de algum tipo. No caso da psicanálise, essa constituição do material depende, em larga medida, do modo como o investigador foi capaz de, por exemplo, reconstruir a narrativa do analisante. O próprio analisante é, por sua vez, investigador: cabe a ele, por exemplo, transcrever a experiência de linguagem do sonho (não linear e imagética) em linguagem de texto (linear, discursiva). Tudo leva a crer, pois, que, no momento mais decisivo, no instante principal, a própria existência do material com que o psicanalista trabalha depende de sua capacidade de dar corpo, de dar forma aos sonhos, às lembranças e aos restos diurnos, às associações supervenientes etc. Nesse sentido, se a ciência é condição para a psicanálise, gostaríamos de acrescentar a hipótese de que, à sua maneira, *a literatura também é uma condição da psicanálise*. Isso não se aplica apenas à forma de exposição de resultados do método, ao modo de ensaios (*Abhandlungen*), casos clínicos e observações (*Beobachtungen*); refere-se, sim, ao fato de que a clínica em si não é uma ciência, mas baseia-se nela. Como mostramos em outro lugar,[23] quando um médico ou um psicanalista está com seu paciente, ele pensa ao modo de

---

22 Jean-Bertrand Pontalis e Edmundo Gómez Mango, *Freud com os escritores* [2012]. São Paulo: Três Estrelas, 2013, p. 18.
23 Cf. C. I. L. Dunker, *Estrutura e constituição da clínica psicanalítica*. São Paulo: Zagodoni, 2013.

15. A estética do método

uma investigação, observa elementos semiológicos, cria hipóteses diagnósticas, acompanha o curso dos efeitos terapêuticos e movimenta suposições causais ou etiológicas, mas todos esses procedimentos que definem o fazer clínico são equivalentes do fazer científico, ou seja, são "como se" fossem ciência.

Freud foi cônscio dessa complexidade desde bastante cedo. Nos *Estudos sobre a histeria*, afirma:

> Nem sempre fui psicoterapeuta. Como outros neuropatologistas, fui formado na prática dos diagnósticos locais e do eletrodiagnóstico, e a mim mesmo ainda impressiona singularmente que as histórias clínicas que escrevo possam ser lidas como novelas e, por assim dizer, careçam do cunho austero da cientificidade. Devo me consolar com o fato de que evidentemente a responsabilidade por tal efeito deve ser atribuída à natureza da matéria, e não à minha predileção; o diagnóstico local e as reações elétricas não se mostram eficazes no estudo da histeria, enquanto uma exposição minuciosa dos processos psíquicos, como estamos acostumados a obter do escritor, me permite adquirir, pelo emprego de algumas poucas fórmulas psicológicas, uma espécie de compreensão do desenvolvimento de uma histeria.[24]

Essa dupla natureza, essa alma de cientista e de poeta, requer o manejo de habilidades distintas. Além disso, Freud insiste em que esse peculiar regime discursivo não decorre de preferências pessoais, mas da natureza do objeto. Esse é o ponto-chave. Nada pode ser mais científico do que a obstinação com aquilo que não é evidente. A psicanálise é a ciência de escutar o que não é evidente no interior da própria evidência, a partir de rastros ou indícios, no vazio da própria evidência. Qual o estatuto da relação assim constituída entre regimes discursivos tão aparentemente distantes?

---

24 S. Freud, *Estudos sobre a histeria*, op. cit., p. 231.

Muitos estudiosos se dedicaram a isso e não seria aqui o lugar de reconstruir toda essa trajetória. Gostaríamos de destacar aqui o comentário de J.-B. Pontalis: "Afinal de contas, Freud escritor? Freud cientista? E se a singularidade de sua obra, se o que ela tem de inclassificável, resultasse em grande parte desse convívio, dessa tensão entre os dois polos?".[25]

Não foi por acaso que, na maioria das doze vezes em que Freud foi indicado ao prêmio Nobel de Medicina, alegou-se que sua obra era literária demais e, quando foi indicado ao Nobel de Literatura, alegou-se o contrário.[26] Isso não é apenas uma curiosidade anedótica, mas indica algo sobre a própria cisão ontológica do objeto da psicanálise.

---

25 J.-B. Pontalis e E. G. Mango, op. cit., p. 215.
26 Cf. Marcelo Veras, "O cientista e o ornitorrinco". *Cult*, n. 298, out. 2023; François Ansermet, Marlène Belilos, Jean-Daniel Matet, *Freud et le Nobel: Une histoire impossible*. Paris: Michel de Maule, 2021.

15. A estética do método

16. Natureza e linguagem na concepção de causalidade em psicanálise

Costumamos pensar a causalidade como a relação entre um evento *A* (a causa) e um segundo evento *B* (o efeito), desde que o segundo evento seja uma consequência do primeiro. A estrutura lógica da causalidade pode ser formulada assim: "Se não *A*, então não *B*". Essa formalização é importante para distinguir causação de correlação. Além disso, em geral, admite-se que a seta do tempo vai do t_1 da causa para o t_2 do efeito, e não o contrário.

Teorias da causalidade são complexas.[1] Podemos falar de causalidade linear quando há uma proporção entre causa e efeito (quanto mais forte o chute na bola, mais longe e/ou mais rápido ela é arremessada); ou não linear, quando o efeito é desproporcional à causa (quando uma fagulha decorrente de uma ponta de cigarro incendeia uma floresta inteira). Claramente, a causalidade envolvida no inconsciente é não linear, embora essa não linearidade possa ser negativa ou positiva. Quer dizer, um evento aparentemente trivial pode desencadear um sintoma ou uma crise de angústia ou mesmo um surto em um sujeito em determinado momento, assim como um evento reconhecidamente grave ou violento pode não ter o mesmo efeito em outro.

---

1 Cf., por exemplo, Serge Frisch, Jean-Marie Gauthier e Robert D. Hinshelwood (eds.), *Psychoanalysis and Psychotherapy: The Controversies and the Future*. London: Routledge, 2018.

Mas o que vale destacar aqui é outro aspecto importante das teorias causais modernas, isto é, a retroalimentação (feedback). Ela se dá quando o efeito modifica ou, pelo menos, modula a própria causa, indicando uma temporalidade circular. Além disso, na retroalimentação, um processo psíquico novo pode retroagir a lembranças do passado, tanto modulando o próprio conjunto de traços mnêmicos que o constitui como também influenciando a perspectiva de futuro. A teoria freudiana da retroatividade do sentido na determinação do trauma afirma que um evento pode permanecer dormente, ao longo do tempo, depois de seu próprio acontecer, até ser reativado posteriormente (*nachträglichkeit*), adquirindo então força etiológica. Conexões de significação, tais como a atribuição posterior de uma significação sexual ou traumática a um determinado acontecimento originalmente não inteligível, permite que o sentido da causalidade seja ao mesmo tempo progressivo (as causas antecedem os efeitos) e regressivos (causas posteriores criam efeitos de transformação no evento anterior). Esse tipo de correlação cruzada recebe o nome de *retrocausação* e perturba a ideia de que os efeitos de uma análise, que segue os princípios dessa concepção de causalidade, podem ser percebidos imediatamente depois de sua finalização empírica.[2]

Finalmente, vale a pena mencionar rapidamente o conceito de *emergência*.[3] Trata-se do processo de formação de sistemas complexos ou padrões a partir de uma multiplicidade de interações simples. Por exemplo, a interação entre neurônios microscópicos causando um cérebro macroscópico, capaz de pensar etc. Exemplo clássico de emergência: um comportamento emergente ou

---

2   Cf. Jan Faye, "Copenhagen Interpretation of Quantum mechanics", in E. N. Zalta (ed.), *The Stanford Ency-clopedia of Philosophy*. Stanford: Metaphysics Research Lab, Stanford University, primavera 2019.

3   Cf. Jingyi Wu e Cailin O'Connor, "How Should We Promote Transient Diversity in Science?". *Synthese*, n. 201, v. 2, 2023.

propriedade emergente pode aparecer quando uma quantidade de entidades (agentes) simples opera em um ambiente, formando comportamentos complexos no coletivo. A propriedade em si é normalmente imprevisível e imprecedente e representa um novo nível de evolução dos sistemas. O comportamento complexo não é propriedade de nenhuma entidade em particular, e eles também não podem ser previstos ou deduzidos dos comportamentos das entidades em nível baixo. O formato e o comportamento dos bandos de pássaros (ou pelotão de ciclistas) constituem um bom exemplo de comportamento emergente.

Evidentemente, Freud não conhecia nenhuma dessas teorias da causalidade, mas não é exagero dizer que algumas dessas intuições perpassam ou subjazem às suas descrições metapsicológicas e construções clínicas. Em termos gerais, podemos dizer que a teoria da causalidade em Freud é não linear e combina aspectos de retroalimentação (feedback) e looping, assumindo o inconsciente como um sistema complexo de associações, sendo mais baseado em emergências do que em regras.

Aliás, a distância entre sistemas baseados em regras estruturais e sistemas complexos emergentes também é uma ótima maneira de descrever a distância entre o Lacan da estrutura e do sujeito e o Lacan da *lalangue* (alíngua) e do *parlêtre* (falasser). Freud percebeu muito cedo que os sintomas histéricos exigiriam um pensamento complexo. Ao apresentar, em 1895, o caso Emma, Freud recorre à retroação, que nada mais é do que a inversão da seta causal do tempo com efeitos de feedback não linear. É uma teoria complexa do tempo que começará a se construir nos porões do pensamento de Freud.

Diante da complexidade do que está em jogo, reduzir a discussão sobre a cientificidade da psicanálise à oposição entre ciência e pseudociência, à ausência de método ou de evidência, não é apenas uma bobagem qualquer. Pois a psicanálise parte de uma interrogação à ciência que era proposta, em primeiro lugar, não tanto por Freud, mas pelos próprios sujeitos que ele escutava. Nesse contexto, o sintoma histérico anuncia a implosão do método a partir do objeto, que exige a construção de outra forma de tratamento – clínico, mas também epistêmico – daquilo que surge como um real a interrogar o saber científico. O que seria, então, uma ciência à altura do inconsciente? Ou, como colocaria mais tarde Lacan, "como é que uma ciência ainda é possível depois do que podemos dizer do inconsciente?".[4] Por isso, a psicanálise é ciência êxtima: fundada no coração da ciência moderna, debruça-se sobre aquilo que essa mesma ciência deixa cair como resto de sua operação.

Nas últimas décadas, a psicanálise se viu às voltas com desafios da mesma natureza. É possível tratar sujeitos diagnosticados com transtorno do espectro autista (TEA)? Evidentemente, os primeiros esforços foram desastrosos. Quem pode se esquecer da hipótese da "mãe geladeira" do psiquiatra Leo Kanner, que foi abraçada por uma geração de psicólogos, psiquiatras e psicanalistas? No caso da psicanálise, foi preciso uma verdadeira força-tarefa para reformular a teoria e aprimorar a técnica, o que ainda está em andamento. Movimento semelhante ocorre no debate acerca da despatologização do sujeito trans. Mais recentemente, iniciativas mais ou menos dispersas têm tentado lidar com o desafio do sujeito surdo. O gesto fundador de Freud de escutar a verdade do sofrimento das histéricas repete-se no século XXI, agora com outros corpos.

Em sua arguta leitura crítica de Freud, Wittgenstein não se deixa seduzir por perguntas vazias e respostas rápidas. Desconfiado de que as interpretações psicanalíticas, longe de suscitar resistências, como alegava Freud, na verdade têm certo charme, justamente por seu caráter infamiliar (*uncanny*, *unheimlich*), ele

---

4   J. Lacan, *O seminário. Livro XX: Mais, ainda* [1972–73], trad. Magno Machado Dias. Rio de Janeiro: Zahar, 1996, p. 142.

16. Natureza e linguagem na concepção de causalidade em psicanálise   225

destaca o aspecto estético do pensamento freudiano. Mas, para ele, nada disso é obstáculo, pelo contrário. No que tange à adoção de teses psicanalíticas, importa pouco saber se as construções são verdadeiras ou falsas, pois seu "charme" é o que as torna convincentes, "recebidas espontaneamente como explicações que devem ser verdade e não como hipóteses nas quais a verdade ou falsidade é crucial".[5] Do ponto de vista estritamente psicológico, são equivalentes, para dizer o mínimo, os fatores de resistência e os de atração das explicações psicanalíticas. Tudo indica, pois, que, nesse quesito, Wittgenstein liquida a fatura.

Entretanto, um trabalho de elucidação conceitual rigoroso precisaria circunscrever o limitado âmbito de validade em que o psicanalista solicita algo como o "rebaixamento da atividade crítica". Porque, rigorosamente falando, o "rebaixamento da atividade crítica" vale apenas no contexto clínico e apenas a fim de criar condições para a associação livre da parte do analisante. O "rebaixamento da atividade crítica" não tem razão de ser quando se trata de submeter a doutrina da psicanálise ao crivo da razão. Quando Freud, no mesmo artigo em que torna célebre o argumento das resistências à psicanálise e propõe a parábola em que se reclama herdeiro de Copérnico e Darwin, conclui afirmando que as teses fundamentais da psicanálise precisam ser objeto de exame e posicionamento do leitor, ele não está de forma alguma solicitando o rebaixamento da atividade crítica. Muito pelo contrário. O que Freud reclama é que a crítica seja feita em nome próprio: a psicanálise se ocupa de "demonstrá-las [as teses fundamentais da psicanálise] com um material que concerne pessoalmente a todo indivíduo e o força a tomar posição ante a esses problemas".[6] Ao fazer isso, solicita que o leitor julgue

---

5 Jacques Bouveresse, *Wittgenstein Reads Freud: The Myth of the Unconscious*. Princeton/ New Jersey: Princeton University Press, 1995, p. 68.

6 S. Freud, "Uma dificuldade da psicanálise" [1917], in *Obras completas*, trad.

sua obra não em nome de uma ciência já constituída, de um saber prévio ou de uma racionalidade espessa, de contornos bem definidos e sem fissuras, mas em nome próprio. Porque, no fim das contas, é exatamente isto que está em jogo depois de Freud: uma razão capaz de acolher um sujeito que a descompleta, sem apagar a singularidade dele como mero particular de uma coleção uniforme, mas também sem deixar de ser racional.

Wittgenstein condena a pretensão freudiana com respeito à cientificidade da psicanálise e qualifica as explicações freudianas de interpretações estéticas.[7] Freud não teria demonstrado as causas dos eventos psíquicos nem o mecanismo da vida mental. Por um motivo muito simples: Freud tentou utilizar um vocabulário e uma gramática válidos para as ciências naturais a fim de tratar de eventos de outra natureza, incorrendo em confusão conceitual.

De acordo com Wittgenstein, Freud mostra os motivos do sonho, os motivos do sofrimento psíquico, os motivos de um chiste ou de um esquecimento exatamente como um esteta pode mostrar as razões da beleza de uma obra de arte. A atitude que exprimem é importante.[8] Motivo vem de *motu* (motor), movimento ou impulso, ou seja, o que leva a um ato ou o acontecimento que dele resulta. Motivação envolve noções como desejo, intencionalidade e responsabilidade. Causa remete a relação com efeito ou consequência, segundo sua materialidade, finalidade, eficiência ou forma. Causas podem ser internas (motivos ou intenções), externas (diretas ou indiretas) ou contingentes (casuais ou indeterminadas). Razões podem incluir tanto causas quanto motivos, mas aplicam-se a cadeias de proporções, equi-

---

Paulo César de Souza, v. 14. São Paulo: Companhia das Letras, 2010, p. 251.

7   Cf. L. Wittgenstein, *Lectures & Conversation on Aesthetics, Psychology and Religious Belief*. University of California Press, 1997.

8   Ibid., pp. 25-26.

valências e conceitos, reconhecidas como atividade do pensamento. Usualmente considera-se que as motivações são objeto da psicologia, as causas são objeto da ciência e a razão é objeto de estudo da filosofia. Uma abordagem cientificista caracteriza-se pela ideia de que a descrição das causas, ou das relações indutivas entre eventos, equivale ao conhecimento das intenções e que a operação identifica-se com a totalidade do trabalho da razão. Portanto aquilo que não se reduz a descrições causais ou quase causais desse tipo se apresenta como não racional ou como não motivado. Mitologias, formas estéticas e religiosas, disposições morais e metafísicas, assim como pseudociências são exemplos dessas práticas que supostamente se opõem à razão e à causalidade motivacional.

Nem o esteta nem o analista podem explicar – noção baseada no princípio da causalidade – a beleza de uma obra de arte ou o sintoma de um sujeito qualquer. Isso porque as analogias utilizadas por Freud seriam tipicamente "do tipo das usadas por historiadores e críticos de arte, não do tipo usado por cientistas".[9] Mas isso não decorre da recusa da causalidade, e sim da dificuldade de empregar noções triviais de causa quando se trata de comportamento verbal. Nesse sentido, segundo "podemos dizer que elas não são 'geradoras de modelo' (*model-generating*) como as segundas, mas simplesmente 'mostradores de aspectos' (*aspect-seeing*)".[10] As explicações científicas, baseadas na articulação de nexos causais simples entre fenômenos, seriam independentes da dimensão do assentimento, enquanto as interpretações estéticas e psicanalíticas, ao contrário, envolvem o assentimento do outro. Como vimos nas críticas de Grünbaum, a ideia de que a interpretação do analista "causa" uma transformação do sintoma, porque é exclusivamente assim que suas determinações são des-

---

9   J. Bouveresse, op. cit., p. 32.
10   Ibid.

feitas, envolve uma aplicação demasiadamente estrita e genérica da noção de causalidade, nesse caso à correspondência entre a fala do analista e o pensamento do paciente. Poderíamos chamar:

> [Não se pode chamar] a explicação dada por Freud ao chiste de explicação causal. [...] Freud transforma o chiste em uma forma diferente, que é reconhecida por nós como uma expressão da cadeia de ideias que nos leva de uma ponta a outra do chiste. [É preciso diferenciar] Uma avaliação ou relato (*account*) inteiramente novo de uma explicação correta.[11]

Contudo, a teoria de Freud não pretende explicar a causalidade do chiste, mas a sua eficácia, ou seja, como uma dada expressão de linguagem motiva riso, desconcerto e iluminação, bem como apresentar as razões de seus efeitos pragmáticos, tais como a existência de uma comunidade que compreende o que deve ou não deve ser dito em determinadas situações socialmente definidas.

Esse enquadre é baseado na oposição causa versus razão. De um lado, temos as causas, que podemos estabelecer experimentalmente. A causalidade pertence ao campo da ciência natural e está em acordo com as condições para a fenomenalização dos objetos do conhecimento. Estes devem existir no tempo e no espaço, apresentarem-se em termos de fenômenos, ser inteligíveis qualitativa e quantitativamente, ter relações e modos lógicos de ocorrência. Desde David Hume, o princípio de causalidade foi alvo de séria desconfiança, uma vez que o que pode ser observado são associações e intuições entre eventos, ou seja, sua sucessão ou simultaneidade no tempo. Grosso modo, o argumento cético da causalidade consiste em dizer que, embora possamos estabelecer empiricamente relações e correlações entre eventos, isso não equivale a conhecer as conexões internas entre causas e efeitos.

---

11 L. Wittgenstein, op. cit., p. 18

16. Natureza e linguagem na concepção de causalidade em psicanálise

É que tendemos a identificar uma conexão lógica e analítica do tipo "se P ... então Q", com uma observação empírica e sintética do tipo "se a água ferve então estamos a 100 graus". A noção de evidência surge em Descartes para conectar um estado psicológico do sujeito (certeza) a uma propriedade das proposições qualificadas como verdadeiras ou falsas.

É por isso que Popper aborda o problema da demarcação entre ciência e não ciência junto com o problema da indução. Para Wittgenstein, apenas na lógica temos necessidade causal: "fora da lógica, tudo é acidental".[12] Na ciência, por exemplo, poderíamos mostrar nexos causais, mas não podemos enunciá-los: "causalidade" é um conceito formal. Entretanto, noções como "lei de causalidade" continuam imprescindíveis no fazer científico, ainda que o máximo que possamos conceber sejam relações externas entre fenômenos regularmente concomitantes, que permanecem independentes do ponto de vista lógico. Foi no contexto de sua crítica a Freud que Wittgenstein desenvolveu o essencial de sua tentativa de opor causas e razões.

As razões, assim como as causas, podem ser mostradas, mas não correlacionam eventos entre si, apenas respondem a perguntas acerca do "por quê?". "Wittgenstein fornece alguns argumentos para distinguir as razões para crer que p ou para realizar o ato ϕ de suas respectivas causas, amiúde no contexto da crítica à ideia freudiana de atribuir caráter causal às explicações psicanalíticas".[13] Ao contrário de causas, que são basicamente explicativas, o que caracteriza as razões ou os motivos é que estes: 1) têm papel basicamente justificatório; 2) correlacionam eventos de forma interna; 3) são conhecidos pelos agentes; 4) interrompem-se em algum ponto; 5) não têm caráter determinístico nem compulsório.

---

12 Id., *Tractatus Logico-Philosophicus*. São Paulo: Edusp, 2001.

13 Hans-Johann Glock, *Dicionário Wittgenstein*. Rio de Janeiro: Zahar, 1998, p. 71.

O registro das razões é típico do que ocorre com os fenômenos estéticos. "O tipo de explicação que alguém procura quando fica intrigado por uma impressão estética não é uma explicação causal [...]. Isso é ligado à diferença entre causa e motivo."[14] Essa elucidação de que o gênero de explicação em voga na psicanálise é estético e não científico fez correr muita tinta, principalmente no sentido de endossar a pseudocientificidade da psicanálise. Entretanto tudo indica que o aspecto salientado por Wittgenstein não é bem esse. Como escreve Antonia Soulez:

> Quando Wittgenstein declara que "a explicação em psicanálise faz o mesmo que uma explicação estética" (*Leçons de Cambridge*, 1932–35), o propósito é claro. Mas estaríamos errados em concluir disso que Wittgenstein estetiza a psicanálise no mal sentido da palavra "estetizar" ou que tende a rebaixá-la pejorativamente como uma simples arte da sugestão, como sustenta Jacques Bouveresse. Sob a pluma de Wittgenstein, tal frase não pode exprimir exatamente uma crítica, porque ele tinha uma ideia elevada da arte. Além disso, ele não tinha uma ideia tão elevada das ciências duras. Suas ressalvas ao "espírito da ciência", ainda que por antecipação das futuras ciências do espírito no sentido cognitivista atual, não permitem ver nessa declaração uma condenação pura e simples do estilo de explicação da psicanálise.[15]

A perspectiva da crítica não é, pois, primariamente epistemológica ou referida à partilha do conhecimento entre ciência e não ciência, mas entre razão e desrazão. Segundo Wittgenstein, não há uma gramática da transição das razões às causas. Ou seja: a cadeia

---

14 L. Wittgenstein, op. cit., p. 21.
15 Antonia Soulez, *Comment écrivent les philosophes? (De Kant à Wittgenstein) ou le style de Wittgenstein*. Paris: Éditions Kimé, 2003, p. 193.

de razões se detém diante de uma forma de vida (*Lebensformen*).[16] Ora, esse hiato entre causas e razões foi justamente tomado por Lacan para desenvolver um conceito novo de causalidade em psicanálise. Ele se apoia na noção kantiana de grandezas negativas[17] e na ideia de que a propriedade fundamental da linguagem humana é sua disposição para representar e conter a negação.

Eu quero nomear privação (*privatio*) a negação consequência de uma oposição real; mas toda negação, na medida em que ela não tenha origem neste tipo de contraposição, deve aqui se chamar falta (*defectus, absentia*). A última não exige um princípio positivo, porém, simplesmente, a falta de um princípio; mas a primeira tem um verdadeiro princípio de posição e um princípio igual que lhe é oposto. Repouso é, em um corpo, ou simplesmente uma falta, isto é, uma negação do movimento, na medida em que não há força motriz, ou uma privação, na medida em que há força motriz, mas a consequência, a saber, o movimento, é suprimido por uma força oposta.[18]

Há dois tipos de oposição, oposição real (privação) e a oposição lógica (falta). No primeiro caso o repouso se explica pela existência de forças de sentido contrário aplicadas ao mesmo objeto, no segundo, o repouso se explica pela ausência de forças aplicadas ao objeto. Explicações do segundo tipo caracterizam a moderna ciência das causas, ao passo que explicações que recorrem ao conflito ou à oposição real presumem que processos negativos, como o repouso, podem depender de uma dinâmica de conflitos,

---

16 Frederico Carvalho, *O fim da cadeia de razões: Wittgenstein, crítico de Freud*. São Paulo: Annablume, 2002, p. 208.

17 Cf. J. Lacan, *O seminário. Livro XI: Os quatro conceitos fundamentais da psicanálise* [1964], trad. M. D. Magno. Rio de Janeiro: Zahar, 1988.

18 Immanuel Kant, "Ensaio para introduzir o conceito de grandezas negativas em filosofia", in *Escritos pré-críticos*. São Paulo: Editora Unesp, 1968, pp. 177-78.

ou forças opostas, que recaem sobre ele. Isso autoriza pensar que hiatos ou intervalos de significação sobre determinado processo podem funcionar como determinação causal de outros processos.

Lacan subscreveria parcialmente o argumento wittgensteiniano: pensar a psicanálise no contexto das ciências da natureza não seria possível nem desejável. Mas a convergência é apenas parcial, pois Lacan recusa que a "querela dos métodos" defina a totalidade das alternativas possíveis no campo epistemológico. Dessa maneira, Lacan se esquiva da alternativa colocada pela epistemologia tradicional de que os processos naturais são objeto de causalidade, não dependem de liberdade e nem envolvem qualquer finalidade, ao passo que os processos aos quais as ciências humanas se dedicam envolvem as interpretações ou compreensões cultural e historicamente variadas de como lemos os fatos naturais. Como se a ontologia fosse fixa e restrita ao campo da natureza mas a epistemologia fosse variável, conforme o ponto de vista do sujeito, seus valores e perspectivas. Surge assim um hiato entre explicação, entendida como reconstrução de cadeia de causas e efeitos, e compreensão, como atribuição de sentido e interpretação dos sentidos disponíveis a partir das relatividades dos sujeitos. Em outras palavras, embora a distinção "explicação versus compreensão" defina parâmetros de orientação para a epistemologia das ciências humanas, daí não se segue que estas estejam condenadas ao paradigma da compreensão, como pensou Dilthey, ou ao domínio das razões, como pensou Wittgenstein. Daí que a psicanálise seja entendida usualmente, nesta discussão, como uma teoria da motivação, ou seja, do desejo.

Wittgenstein não acusa a psicanálise de ser falsa; ele condena suas pretensões de ser uma ciência natural. Isso quer dizer que ele condena a pretensão freudiana de enunciar que a cura de um sintoma pela interpretação seria a prova de que sua *causa* foi descoberta e, consequentemente, que as hipóteses concernentes ao funcionamento do aparelho psíquico são demonstradas

16. Natureza e linguagem na concepção de causalidade em psicanálise   233

cientificamente. Ou seja, o sucesso do tratamento não provaria a verdade da teoria. Um adolescente pode curar-se de seus sintomas durante uma análise não por causa da análise, mas porque superou a própria adolescência, por exemplo. Vimos como esse problema se traduz na dificuldade de estabelecer qual é o princípio ativo das psicoterapias. O exasperante e repetitivo resultado histórico das pesquisas sobre eficácia das psicoterapias, ou seja, de que diferentes formas de psicoterapia apresentam resultados terapêuticos equivalentes, também conhecido como efeito "dodô" ("todos venceram e todos merecem prêmios"), pode derivar de má compreensão da causalidade e do tipo de transformatividade em jogo nas psicoterapias.

Para Wittgenstein, descobrir a razão de um sintoma não equivale a formular uma hipótese causal a propósito do que aconteceu quando um sintoma se formou em um sujeito. Georges Politzer já havia indicado que os efeitos de uma psicoterapia não decorrem da teorização, ainda que correta, do paciente sobre si mesmo, mas sim da restauração narrativa e partilhada das descontinuidades de sentido nas quais o inconsciente se manifesta, entre sonho e vigília, entre controle de si e sintoma, entre saber e verdade.[19] O fato de que uma interpretação possa esclarecer um sintoma, até mesmo dissolvê-lo, não implica que a causa dele tenha sido descoberta. Como salientamos, Wittgenstein não parte de uma concepção previamente unificada do que venha a ser a atividade científica para avaliar se a psicanálise é ou não uma ciência. Portanto, não é a partir da perspectiva da impossibilidade de verificação ou da alegada falta de evidências, por exemplo, que ele parte. Não se trata de mobilizar argumentos de tipo popperiano, mas de algo mais astuto. Ao contrário, de

---

19   Cf. Georges Politzer, *Crítica dos fundamentos da psicologia: a psicologia e a psicanálise* [1928], trad. Marcos Marcionilo e Yvone M. T. da Silva. Piracicaba: Unimep, 1998.

acordo com a perspectiva de Wittgenstein, Freud teria se envolvido desnecessariamente com pseudoproblemas justamente por querer conformar a psicanálise a um modelo de ciência. O que merece reprovação em Freud, segundo Bouveresse, não é que ele "não tenha colocado uma norma universal de expressão na entrada de seu sistema, o que é o procedimento científico usual, mas muito mais por não ter feito nada além disso".[20] Apesar de materialmente falso, o argumento de Bouveresse continua interessante.

Freud endossa uma concepção mais ortodoxa do que vêm a ser a ciência e a racionalidade,[21] ao passo que Wittgenstein encara com desconfiança essas duas ideias. É preciso acrescentar, como faz Vincent Descombes, que, quando Wittgenstein termina por dizer que Freud não inventou novas "hipóteses científicas", mas uma "maneira de dizer", somos levados a uma situação curiosa. Enquanto alguns psicanalistas sentem a locução "maneira de dizer" como pejorativa ou desqualificadora, para o próprio autor não se trata de nada disso. Inventar maneiras de ver o mundo, de expressar fatos como aqueles envolvidos quando falamos de motivos inconscientes é sempre uma atividade do mais alto valor. O que incomoda Wittgenstein é a necessidade de postular a existência real de um sistema inconsciente, em vez de simplesmente admitir que se trata de uma maneira de falar de certos fenômenos da vida psíquica, fornecendo-nos "boas analogias". É claro que nenhum desses críticos conhece a discussão complexa que os psicanalistas fazem acerca do estatuto do inconsciente.

O comentário de Wittgenstein é, entre outras coisas, uma crítica implícita da concepção realista que Freud tem da natureza do pen-

---

20 J. Bouveresse, op. cit., p. 54.
21 Cf. ibid.

16. Natureza e linguagem na concepção de causalidade em psicanálise   235

samento latente que preexiste ao trabalho de deformação do sonho e que foi reatualizado pela interpretação do seu conteúdo manifesto.[22]

Essa é uma questão séria, que pode ser desdobrada de muitas maneiras. Aliás, psicanalistas debatem criteriosamente o estatuto do inconsciente: existe inconsciente fora da transferência? O inconsciente tem um estatuto ôntico ou ontológico? Essas discussões não costumam ser nem sequer mencionadas nos best-sellers antipsicanalíticos.

Um exemplo pode nos auxiliar a entender a questão. Ludwig Boltzmann, entusiasta da termodinâmica e do determinismo mecanicista, inclusive na esfera dos atos mentais, relata um ato falho que, em sua visão, demonstra sobejamente causas mecânicas agindo no mecanismo psíquico: "Depois de algumas semanas me devotando exclusivamente ao estudo do mecanismo de Hertz, quis começar uma carta à minha esposa com as palavras 'Querida *Herz*' e, antes que me apercebesse, havia escrito *Herz* com *tz*".[23]

Boltzmann interpreta esse ato falho como um erro banal de leitura ou transcrição do mecanismo de memória, tornado possível pela semelhança fonética das palavras *Herz* (coração) e *Hertz* (o físico que deu nome à frequência de transmissão de uma onda). Um erro tão banal que não haveria necessidade de procurar um sentido oculto por trás do mecanismo.[24] Bouveresse comenta que um e apenas um caso como esse é suficiente para mostrar quão longínquas são as interpretações de Boltzmann e Freud, a despeito da alegação comum de que o determinismo dos fatos psíquicos subjacente é o que torna possível explicar o ato falho. Afinal, quem poderia adivinhar o que viria da boca de um psicanalista a pro-

---

22 J. Bouveresse, op. cit., p. 121.
23 Ludwig Boltzmann apud J. Bouveresse, op. cit., p. 98.
24 J. Bouveresse, op. cit., p. 98.

236 PARTE III

pósito do "sentido" da substituição de *Herz* por *Hertz* e "o que isso poderia nos ensinar sobre o inconsciente do autor".[25]

Sem saber, Bouveresse acaba ilustrando com fineza o que está de fato em jogo naquilo que chamamos em psicanálise de homofonia significante, que, algumas páginas antes, ele havia criticado. Porque é exatamente o que um analista faria: sublinharia a identidade fônica das palavras. Poderíamos dizer que a divisão subjetiva entre trabalho e amor se vê transposta pelo desejo de reduzir a diferença entre eles, mas a rigor isso é trivial e provavelmente já sabido, daí que não seja a descoberta da causa que determina a reversibilidade da formação do inconsciente, mas a exigência pragmática de que novas voltas de interpretação podem fazer surgir uma novidade de sentido, por isso a interpretação do sentido do ato falho fica a cargo do analisante. O inconsciente já é uma interpretação. O jogo entre saber e verdade desenrola-se aqui entre analista e analisante. O saber do analista é apenas um saber suposto, atualizado na transferência. Nesse sentido, uma simples pontuação pode desencadear efeitos de verdade na fala do paciente. Contudo, a verdade do processo estará sempre suposta do lado do analisante, e não do analista. Uma pontuação pode, por exemplo, não ter nenhum efeito sobre o sujeito. Nesse caso, seria possível dizer que se trata mesmo de um erro banal.

O que distingue um erro banal de uma formação do inconsciente não é que um é sem causa e o outro é sobredeterminado, mas a exigência pragmática de que certo tipo de associação ou lembrança – eventualmente reconhecido por critérios estéticos, como surpresa, estranheza ou novidade – transforme o sofrimento das pessoas, o que Freud chamava de "confirmações indiretas", como vimos no primeiro capítulo deste livro. Entre esses critérios discursivos para examinar a eficácia das intervenções psicanalíticas, podemos incluir as manifestações de resistência,

---

25 Ibid., p. 98.

16. Natureza e linguagem na concepção de causalidade em psicanálise   237

como o silêncio, o embaraço, a mudança abrupta de assunto, a aparição de afetos disruptivos, um excesso de justificação. Mas o ponto a enfatizar é que a interrogação acerca da causa é exatamente o que permite abrir mão de procurar um sentido por trás das aparências, um sentido do sentido. Ou seja, e dizendo com Bouveresse, "o conceito normal de significação realmente não pode ser aplicado neste nível".[26]

---

26 Ibid.

17. A crítica dos conceitos

Um dos pilares da descoberta freudiana é a crítica da existência de qualquer vínculo natural entre o desejo do sujeito e os objetos de sua eleição. A estrutura fantasmática, responsável por ligar desejo e objeto na economia libidinal de um sujeito, é função única e exclusiva do modo como cada sujeito singular lidou com acontecimentos contingentes em sua história individual. Em outras palavras, "o destino subjetivo da sexuação submete o sujeito a uma verdade insensata".[1] A pulsão sexual não responde a nenhuma finalidade cultural exterior à sua própria satisfação. Essa verdade insensata corresponde justamente à ideia de causa. A célebre expressão "a verdade como causa" remete a isso. "É como efeito de separação entre sujeito e objeto da fantasia que advém a causa do desejo, sendo a causa o ponto limite do sentido."[2] A versatilidade da pulsão em relação aos objetos, juntamente com a ambivalência e a reversibilidade das moções pulsionais, constituem algumas das teses mais importantes da teoria freudiana da sexualidade. Ora, a noção de sexualidade em psicanálise inspira não apenas um conceito novo sobre a experiência do prazer, mas uma espécie de caso modelo para a crítica de conceitos. Lembremos que a ciência, desde seu início

---

1 Alain Badiou, *Le Siècle*. Paris: Seuil, 2005, p. 117.
2 Frederico Feu Carvalho, *O fim da cadeia de razões*. São Paulo: Annablumme, 2005, p. 207.

consiste em produção de conhecimento e crítica dos conceitos, sejam eles conceitos do senso comum, de outras disciplinas e saberes, mas também e, principalmente, dos próprios conceitos. Inquirir novas razões, aprofundar a descrição de séries causais, aperfeiçoar e abandonar conceitos é um processo que envolve o cultivo de certa atitude cética, bem como atenção à historicidade dos saberes e das nossas convicções epistemológicas.

Alain Badiou denuncia que a "manobra hermenêutica"[3] como tentativa de reenviar "a articulação do desejo e de seu objeto" a um sentido constituído previamente ou a uma finalidade intrínseca é uma maneira de contornar a tese freudiana da cisão entre sexo e sentido. Tais reenvios são recorrentes sob diversas versões: o sentido (a finalidade) das escolhas sexuais seria determinado ou pela natureza (em sua versão mais moderna sob o nome de genética), ou pela cultura, mitologia, religião, ou então, golpe ainda mais sutil, tais escolhas são irracionais, incognoscíveis, inefáveis. O resultado de tais operações seria ressituar o sentido no lugar da verdade, anulando assim a "radical ausência de sentido do sexo" tal como proposto por Freud.

A singularidade de Freud é que o face a face com o sexual não é da ordem do saber, mas da ordem de uma nomeação, de uma intervenção daquilo que ele chama de "discussão franca", que precisamente desvincula os efeitos do sexual de toda apreensão puramente cognitiva e, consequentemente, de todo poder da norma.[4] Isso tem consequências epistemológicas importantes.

A psicanálise é uma cura pela fala. Sua pergunta fundamental é como a linguagem produz efeitos no corpo. Sua hipótese central é que os sintomas, assim como as demais formações do inconsciente, são fatos linguísticos e é por essa razão que o tratamento pela fala é possível. Isso multiplica o problema em

---

3   A. Badiou, op. cit., p. 116.
4   Cf. ibid., p. 107.

várias direções. A linguagem não é um objeto qualquer nem propriedade exclusiva de uma disciplina particular, mas um objeto híbrido, partilhado por linguística, semiologia e semiótica, lógica formal e computacional, assim como literatura, arte poética e retórica. Ainda que cada um destaque aspectos, regiões ou propriedades distintas da linguagem, partindo de perspectivas e interesses igualmente distintos, ainda que possamos agrupar essas tradições em grandes grupos, como as análises de discurso, as hermenêuticas ou as ciências da linguagem, seus métodos e procedimentos para estudar a linguagem não são exatamente concorrentes, nem complementares, nem redutíveis entre si.

De fato, um dos problemas mais salientes implicados por esse cofuncionamento de uma prosa científica e uma prosa literária é relativo ao modo como uma e outra vertente *assumem* diferentes aspectos ou dimensões da linguagem. Para uso científico, de modo geral, a linguagem é concebida como um veículo supostamente neutro de descobertas, elas próprias de natureza não linguística. Com efeito, teorias científicas se prestam à paráfrase sem perdas significativas. O teor de verdade de teorias científicas é maximamente parafraseável. Ninguém precisa ler os *Principia* de Newton para conhecer a mecânica newtoniana. Por outro lado, a linguagem funciona na literatura de modo diverso. Longe de ser meramente um veículo ou instrumento para a transmissão de conteúdos e significados extralinguísticos, a linguagem é assumida na literatura muito mais como "um sistema em desequilíbrio", para usar a expressão de Deleuze: interessam as ambiguidades, os recursos depositados na própria língua, que permitem as modalizações, aspectualizações, ênfases etc. Para conhecer Guimarães Rosa, não basta ler resumos ou resenhas. O teor de verdade da literatura não é parafraseável, ou é apenas minimamente.

Julgar a racionalidade ou a cientificidade da psicanálise sem levar em conta essa natureza híbrida da linguagem e suas implicações para caracterizar o objeto da psicanálise é fruto, no melhor

17. A crítica dos conceitos

dos casos, de ignorância e, no pior, de má-fé. Ou o inverso, se quisermos ser sartreanos. Edmundo Gómez Mango e Jean-Bertrand Pontalis têm razão ao afirmar que "essa transformação 'espantosa' da escrita de Freud introduz outra singularidade característica da 'nova ciência': seu discurso, sua fala e sua escrita não podem mais pretender a neutralidade com relação à linguagem".[5] Um exemplo de como a linguagem interfere decisivamente em nossas concepções de conhecimento pode ser dado pela ideia intuitiva de que tudo o que existe corresponde a um conceito e que conhecer é conhecer a relação conceitual entre as coisas. Mas se todos os objetos referem-se a conceitos, uma maçã tem um conceito assim como uma laranja tem um conceito. Deus, alma ou mundo têm cada qual um conceito. Mas isso deixa de lado que as diferentes formas de entender o que é o conhecimento, diferentes ciências, podem mobilizar diferentes entendimentos do que vem a ser um conceito. Afinal, porque o conceito de "conceito", ele mesmo, não teria um conceito, em cada caso?

Dizer, nesse sentido, que Freud escreve numa linguagem simples é, na verdade, "omitir para quem a língua de Freud seria assim tão fácil de ler".[6] Não apenas no que se refere às competências subjetivas de cada leitor, inclusive sua capacidade intelectual, repertório cultural e disposição afetiva, como também em qual sistema de decodificação esse leitor está inscrito, incluídos os idiomas que ele domina, ou que o dominam, as disciplinas de sua formação, os lugares em que seu corpo é capturado no laço social.

A esse respeito, nunca é demais lembrar que a própria psicanálise se funda a partir das insuficiências de certa versão de ciência praticada no século XIX para lidar com o que se apresentava

---

5   Jean-Bertrand Pontalis e Edmundo Gómez Mango, *Freud com os escritores* [2012]. São Paulo: Três Estrelas, 2013, p. 220.
6   Janine Altounian. *L'Écriture de Freud: Traversée traumatique et traduction.* Paris: PUF, 2003, p. 84.

na época como sintoma histérico. Pois o sintoma, na modalidade que interessa ao psicanalista, é um modo de apresentação do sofrimento subjetivo que não é redutível ao correlato anátomo-patológico, ao discurso protocolar ou à padronagem estatística de significados patológicos. Nesse sentido, o desafio de Freud era fazer uma ciência daquilo que escapava, por estrutura, ao método científico então vigente. Sua fidelidade é com o objeto, e não com o método. A histeria sempre foi um desafio imposto à ciência – a psicanálise se funda a partir do que a ciência deixa como resto. Em 1994, o DSM-IV resolveu a questão numa tacada só: a histeria não existe mais, sua sintomatologia foi pulverizada nos "transtornos somatoformes", "transtornos depressivos", "personalidades histriônicas e *borderlines*".[7] Salvo que as histéricas e os histéricos ainda sofrem e ainda falam.[8] Dito de outro modo, faltou combinar com os russos.

Uma epistemologia freudiana digna desse nome precisaria desfazer o preconceito de equivaler conhecimento e saber. Podemos definir o conhecimento como uma relação definida entre um objeto e um conceito, mediada por um método, ou entre um sujeito que conhece e um objeto conhecido. Um saber, ao contrário, é uma medida prática e operativa entre objetos ou pessoas, orientado por uma intenção, finalidade ou interesse. A oposição aparece na diferença da língua inglesa entre *know that* (saber que) e *know how* (saber como). As práticas humanas são objeto de saberes, transmitem-se por intermédio de discursos e operam trocas simbólicas, ao passo que o conhecimento é um tipo depurado e qualificado de saber, resistente ao crivo do método das ciências e da autoridade que ela galgou entre as práticas da razão.

---

7 Cf. Marcia Rosa, *Por onde andarão as histéricas de outrora? Um estudo lacaniano sobre as histerias*. Belo Horizonte: Scriptum, 2019.

8 Cf. ibid.

17. A crítica dos conceitos

243

Ora, a superestimação da ciência faz com que ela se esqueça de que historicamente se constituiu a partir da crítica dos saberes comuns. Faz com que ela se erija como critério e modelo, e como única forma de validação dos saberes e suas eficiências. A conjectura torna-se ainda menos razoável quando a ciência se apresenta neutra do ponto de vista dos interesses e da confirmação de determinadas visões de mundo. Não há nenhuma dúvida de que, no ponto da história em que estamos, saberes científicos costumam nos oferecer respostas mais confiáveis. Nossa vida prática demonstra isso cotidianamente. Mas sabemos muito bem dos compromissos diversos do discurso científico com práticas e instituições, digamos, pouco fiáveis. Claro que é plenamente compreensível a ênfase que muitos autores concederam à vocação científica da psicanálise, como uma maneira de inscrevê-la na cultura e obter reconhecimento, seja nos serviços de saúde, no concorrido mercado das práticas *psis*, na universidade, nos organismos de fomento e nas políticas públicas. Foi assim, por exemplo, que a tradução das obras completas de Freud para o inglês sofreu um sistemático impulso a tornar mais "científicas" certas noções e conceitos. Contudo, os resultados dessa insistência no caráter científico da psicanálise são, no mínimo, magros em relação ao esforço dispendido. De fato, a ciência oficial, digamos assim, não costuma ser sensível ao tipo de evidência que o psicanalista produz. Nossa impressão, no entanto, é que a psicanálise pode contribuir para o debate de uma maneira distinta: buscando problematizar a apaziguadora segmentação dos saberes.

A fim de entender como Freud se serve de fontes, métodos e modelos tão heterogêneos entre si como a psicofisiologia, a teoria da evolução, a arqueologia, a história das religiões e a literatura, antes de tudo é preciso transpor o obstáculo tão comum que consiste em menosprezar o papel das fontes "não científicas" (usamos essa expressão com todas as reservas necessárias). Alguns dos melhores livros de epistemologia da psicanálise seguem a pista da dívida freudiana com o darwinismo de recepção germânica, com o fisicalismo de Hermann Helmholz, Ernst Brücke e Ernst Mach, além da biologia vitalista de seu tempo. Não resta nenhuma dúvida, evidentemente, de que os anos de formação científica de Freud no laboratório de fisiopatologia e o modelo de ciência adotados pelos melhores cientistas da época foram decisivos para ele. Seu apego à identidade de investigador da natureza (*Naturforscher*) demonstra isso sobejamente. Mesmo quando, em 1920, Freud recorre maciçamente à biologia, nada ali é apenas "periférico ou circunstancial, muito menos uma intenção meramente retórica ou metafórica. Ele recorre ao que se pode considerar como a ciência de ponta da época".[9] Além disso, "os autores aos quais recorre tampouco são personagens marginais, exóticos ou heterodoxos; ao contrário, são figuras centrais e consagradas da medicina e das ciências da vida do período".[10]

Mas o que significa "natureza" para Freud? O que complica o quadro é que, ao mesmo tempo que recorre às melhores fontes científicas da época, Freud não deixa de abraçar uma concepção até certo ponto "romântica" de natureza.[11] E é esse um dos pontos em que Freud e Lacan se distanciam ao máximo.

A emergência da ciência moderna no século XVII supõe, com efeito, uma espécie de cisão da natureza. A natureza que interessa ao cientista seria aquela que está escrita em caracteres ma-

---

9 Richard Simanke, "Fontes científicas: um reino de possibilidades ilimitadas", in S. Freud, *Além do princípio de prazer* [1920], op. cit., p. 424.

10 Ibid., p. 425.

11 Cf. Jacques Rancière, *O inconsciente estético* [2001], trad. Mônica Costa Netto. São Paulo: Editora 34, 2009.

temáticos, descobertos por Galileu e os outros fundadores da ciência moderna. Trata-se daquela que perdeu a maciez, a intensidade e a voz – qualidades que foram relegadas à versão de natureza rejeitada pelos cientistas modernos. O silêncio eterno dos espaços infinitos, insistia Pascal, lembrava ao homem sua condição de incerteza e desalento.

A perda de encantamento e qualidade é a condição da ciência. A psicanálise operaria justamente com aquilo que foi rejeitado pela ciência para que ela se constituísse, como tal, na modernidade. O mundo perde seus contornos mágicos, no entanto algo do mito permanece nos processos de individualização e no interior deles a subjetividade aparece como uma espécie de rebelião contra a interpretação científica de si mesmo.

A linguagem não ficou imune às consequências dessa gradual perda de coloração da natureza. A palavra, dizia Freud, é magia empalidecida. Mas esse mundo sem cores não é o mundo freudiano, assim como não o é a reação romântica e sua versão "alternativa de natureza", que é sua resposta histórica. Para os românticos a natureza era uma referência moral para a ação e para as decisões humanas. Retornar a uma comunidade orgânica, reencontrar a forma de vida governada por princípios naturais e até mesmo adotar um sistema jurídico baseado em leis naturais formava um projeto epistemológico, estético e ético que se desenvolveu fortemente no século XIX. Apesar das críticas de Freud ao programa romântico, muitas objeções à psicanálise ainda a interpretam como uma espécie de proposta romântica de restauração do sentido original e de reencantamento vitalista da natureza. Mas o texto de Freud, gostemos ou não, refere-se à natureza constantemente como signo do materialismo psicanalítico. Não apenas a psicanálise é definida como herdeira das ciências da natureza (*Naturwissenschaften*); o próprio Freud descreve a si mesmo como um investigador da natureza (*Naturforscher*). Mas o que devemos entender, sob a pluma de Freud, por "natureza", mais além do poema erroneamente atribuído a Goethe que inspirou o jovem Freud a inscrever-se na carreira de medicina? O problema da "cisão da natureza" foi comentado recentemente pelo filósofo Bruno Latour do seguinte modo: "A solução para tal bifurcação não é, como gostariam os fenomenólogos, adicionar às tediosas ondas elétricas o rico mundo vivido do sol brilhante. Isso simplesmente agravaria a bifurcação".[12]

Latour é mundialmente reconhecido como um crítico das instituições científicas desde a época em que realizou trabalho empírico como antropólogo em laboratórios.[13] Logo no início de um texto publicado originalmente em 2004, preocupado já naquela altura com o avanço de teses negacionistas e conspiracionistas, Latour faz um apelo contundente, especialmente aos construtivistas sociais e desconstrucionistas filosóficos:

> Guerras. Tantas guerras. Guerras externas e internas. Guerras culturais, guerras das ciências e guerras contra o terrorismo. Guerras contra a pobreza e guerras contra os pobres. Guerras contra a ignorância e guerras por ignorância. Minha pergunta é simples: deveríamos estar em guerra também, nós, os acadêmicos, os intelectuais? Será realmente nosso dever adicionar mais ruínas às ruínas? Será realmente tarefa das humanidades adicionar desconstrução à destruição? Mais iconoclastia à iconoclastia? O que aconteceu com o espírito crítico? Perdeu a força?[14]

---

12 Bruno Latour, "Por que a crítica perdeu a força? De questões de fato a questões de interesse". *O que nos faz pensar*, v. 29, n. 46, jul. 2020, p. 197.

13 Id., *A esperança de pandora* [1999], trad. Gilson César Cardoso de Sousa. São Paulo: Ed. Unesp, 2017.

14 Id., "Por que a crítica perdeu a força? De questões de fato a questões de interesse", op. cit., p. 175.

17. A crítica dos conceitos

Há um equívoco no ato de fundação da psicanálise como ciência da natureza – o que não implica que ela possa se inscrever confortavelmente como "ciência conjectural", "uma ciência da linguagem habitada pelo sujeito", como sonhou Lacan, no campo das ciências humanas e sociais. Esse "equívoco" não é por acaso: ele atesta a complexidade do real com que lidamos na experiência analítica; o sujeito da psicanálise, ou, mais precisamente, o *falasser* de que nos ocupamos, refrata sua verdade em aspectos "bio", "psico" e "sociais", conforme o meio em que se projeta. Há motivos de sobra para desconfiarmos da "cientificidade" da psicanálise: postulação da existência de uma realidade psíquica, ausência de contradição no inconsciente, caráter negativo do objeto, que seria refratário à percepção pela consciência, fenômenos que dependem da forma como falamos deles, sem falar do caráter moral do desejo e da falta.

A psicanálise não opõe o verdadeiro e o falso num registro moral, antes se ocupa da realidade psíquica, que muitas vezes contrasta com a realidade concreta. Isso significa que os princípios gerais e as leis que governam a natureza e seu modo próprio de causalidade não são os mesmos pelos quais podemos apreender a sobredeterminação da vida psíquica dos sujeitos. Não porque eles seriam opostos ou contrários, mas porque eles se desenvolvem em torno de propriedades emergentes derivadas da linguagem, das trocas sociais e dos processos desenvolvimentais da espécie humana. Isso faz da psicanálise uma ciência do *pseudo*? Como formular uma teoria consistente de um objeto contraditório ou, ainda, como apreender com conceitos algo cuja natureza é escapar à apreensão conceitual? A estratégia de autores do quilate de Freud ou Lacan sempre exigiu um pensamento em constelação, que aceita a indeterminação conceitual e a incerteza teórica, a ponto de abandonar teorias e hipóteses quando novos fatos clínicos assim exigiam.

A partir dos anos 1980, em sincronia com a expansão global do neoliberalismo, a teoria da ciência gradualmente é incorporada à própria ciência, separando-se da filosofia, da sociologia e da história. Inversamente, no mesmo período, ganham impulso novas epistemologias locais, como feminismo, teoria decolonial e pós-marxismo. Nesse cenário, as antigas abordagens críticas ou céticas, que se posicionavam de forma limítrofe em relação ao campo científico, ficam deslocalizadas.

Segundo Jonathan Dancy, essa partição opõe, de um lado, os evidencialistas, que pensam a ciência como o saber produzido a partir de certas regras e definições que ao mesmo tempo definem os limites ontológicos, epistemológicos e metodológicos do campo e, de outro, os causalistas, que postulam que nem tudo é uma questão de operacionalização, normatização e convencionalidade, considerando que a casualidade real ultrapassa disciplinas e territórios. Mas o mais importante é que nessa partilha fica abolido o hiato entre essas duas atitudes. Nessa medida somos forçados a uma falsa escolha entre internalismo e externalismo científico que nega o hiato entre ambas.

> [...] abandonamos o interesse tradicional da epistemologia sobre as questões evidenciais. Visto de uma forma naturalista, o hiato crucial deixou de existir. Mas o mero fato de a epistemologia ter se tornado naturalizada, ou ser agora uma parte da ciência em vez de um tribunal da razão superior, não quer dizer que as questões de justificação sejam excluídas do tribunal. A ciência em si não é naturalista.[15]

Sejamos claros. Em pleno século XXI, não é honesto falar em "A ciência", no singular, nem em nome dela. Deveríamos, no mínimo, admitir a pluralidade de métodos, procedimentos e tipos de ciência. Cada ciência acaba estabelecendo seus próprios protocolos de validação de sua práxis e de seus conceitos. Evi-

---

15 Jonathan Dancy, *Epistemologia contemporânea*. Lisboa: Edições 70, 1985, p. 292.

17. A crítica dos conceitos

249

dentemente, esses critérios não podem se fechar em si mesmos. É preciso confrontá-los com a vasta gama de saberes e práticas sociais com os quais a psicanálise precisa ombrear, sem que seja preciso recorrer à *"cross-theory criteria"*[16] ou ao mito das "posições-padrão" de John R. Searle.[17]

---

16 Mary Hesse, *Revolutions and Reconstructions in the Philosophy of Science*. Bloomington: Indiana University Press, 1980, p. XIV.

17 John R. Searle, *Mente, linguagem e sociedade* [1998], trad. F. Rangel. Rio de Janeiro: Rocco, 2000, pp. 18-19.

18. Racionalidade e contingência

Em uma passagem de "Sobre a dinâmica da transferência", Freud desmonta a oposição rígida e insuficiente entre a causalidade orgânica e a psíquica, reenviando o sintoma a uma combinação de fatores constitucionais e acidentais.[1] Nesse mesmo artigo, ele declara que a psicanálise não trata das neuroses "in natura", mas de uma versão reduzida e atualizada da neurose, chamada neurose de transferência, basicamente expressa pela repetição dos conflitos e afetos na relação com o psicanalista. Num cenário como esse, nossa tendência seria supor que disposicional nos encerra em uma noção ingênua ou fatalista de biologia, tomada geralmente como um destino inerte, dado e inamovível. Para Freud, contudo, mesmo esses fatores que chamaríamos, apressadamente, de hereditários, disposicionais ou constitucionais ou, como hoje em dia se consagrou, de genéticos, poderiam sofrer retroativamente efeitos da contingência. A visão de Freud parece se aproximar muito mais do ponto de vista contemporâneo acerca da incompletude da natureza.

O campo da natureza é geralmente associado com a ordem lógica da necessidade, organizada, por exemplo, ao modo de leis. Nossa apreensão de processos cujas séries causais não podemos compreender perfeitamente pode ocorrer de forma indutiva, ou

---

1 Cf. S. Freud, "Sobre a dinâmica da transferência" [1912], in *Fundamentos da clínica psicanalítica*, trad. Claudia Dornbusch. Belo Horizonte: Autêntica, 2017.

seja, como leitura do que é possível. Ambos, necessidade e possibilidade, podem ser abordados por um teste lógico cuja negação nos dá a categoria lógica de impossibilidade. Mas isso deixa de lado a mais controversa e importante noção lógica para entendermos a epistemologia da psicanálise, a saber: a contingência.

Lembremos que a contingência é um dos quatro modos da lógica descrita por Aristóteles, além da necessidade, da possibilidade e da impossibilidade. A contingência diferencia-se de suas outras três irmãs, pois envolve uma relação diferente com o tempo. Os métodos dedutivos ligam-se à ordem da necessidade e da impossibilidade. Um triângulo necessariamente teve, tem e terá três lados e a soma de seus ângulos internos será 180 graus em todos os mundos existentes, logo é impossível que ele tenha quatro ou cinco lados sem que isso represente uma contradição.

A não contradição é um critério importante de toda forma de conhecimento. Mas pode ser o caso de lidarmos com eventos que podem ser mais ou menos possíveis. Para avaliar os graus de possibilidade de um evento, usamos métodos indutivos, como os que se baseiam na estatística e na teoria das probabilidades. O modelo de evidência baseado na necessidade provém de Descartes, assim como provém de Hume seu correlato baseado na possibilidade. Ocorre que, voltando ao pensamento dedutivo, existem proposições que versam sobre eventos que não são nem necessários nem impossíveis e, ainda assim, podem ser verdadeiros ou podem ser falsos. Com isso dizemos que as proposições contingentes não são nem necessariamente verdadeiras nem necessariamente falsas. Notoriamente, proposições contingentes referem-se ao futuro: por exemplo, "amanhã acontecerá uma batalha naval em Metilene", cuja veracidade só poderá ser verificada quando a proposição estiver no passado:

> Como as proposições são verdadeiras por correspondência aos fatos, é evidente que se os últimos são indeterminados e admitidos por

contrário, o mesmo necessariamente valerá para as contraditórias. Isso ocorre com as coisas que não são sempre ou não sempre não são. É necessário, pois, que uma das contraditórias seja verdadeira ou falsa, embora ambas não estejam determinadas e, ainda que uma seja mais verdadeira que a outra, não é o caso que ela já seja verdadeira ou falsa. Com efeito, não é claramente necessário que, de toda afirmação e negação, uma seja verdadeira e a outra seja falsa. Na verdade, o que se aplica às coisas que são não se aplica às coisas que não são, mas que poderiam ser ou não ser, pois estas se comportam como dissemos.[2]

Temos aqui uma das mais antigas definições de evidência, ou seja, a correspondência com os fatos sendo questionada pela existência de fatos indeterminados ou contraditórios. Para tanto seria preciso admitir que há proposições sobre coisas que *não são*, porque elas *ainda não são*. Ou seja, a verdade da proposição depende da posição temporal de quem a enuncia. Nesse caso, o princípio da bivalência, ou seja, que uma proposição bem construída é necessariamente verdadeira ou falsa, fica suspenso. Disso suspende-se também a incidência da contradição. Isso ocorre porque diferenciamos fatos determinados de fatos indeterminados. Fica claro que proposições de desejo, formulações de fantasia, hipóteses sobre a sexualidade, enunciados oníricos e narrativas rememorativas são profundamente atravessadas pelos enunciados contingentes.

Isso concorda com a ideia de que aquilo que herdamos, nossas "escolhas" inconscientes, são precipitados das contingências, dos acidentes que atravessaram nossa história individual e coletiva. Isso nos mostra uma concepção de natureza muito menos fixa e unívoca do que supomos, o que exigiria revisar a oposição entre

---

2   Aristóteles, *Da interpretação* [c. 510-12]. São Paulo: Martins Fontes, 19a32a-19b4.

18. Racionalidade e contingência   253

natureza como reino da necessidade e cultura como domínio do possível. Devemos ser claros e contundentes aqui. Não precisamos abandonar Freud para superar uma concepção monolítica de natureza, porque encontramos no interior de sua obra elementos para isso. Ao contrário, precisamos nos aprofundar nas trilhas que foram abertas por ele e esquecidas ou negligenciadas pelo século xx.

O ponto fundamental, portanto, não está em saber se a psicanálise é uma ciência da natureza, uma ciência humana ou uma ciência do espírito. Basta termos clareza que o tipo de fenômeno com que lidamos em psicanálise *não é indiferente* ao modo como falamos deles ou, mais precisamente, ao modo como nossos conceitos, classes e categorias interagem com eles.

De maneira bastante didática e simplificadora, podemos dizer que não faria a mínima diferença se disséssemos a Mercúrio, Vênus, Terra e demais planetas do sistema solar que eles giram há cerca de 4,5 bilhões de anos em torno do Sol sem gozar de descanso remunerado e sem direito a férias e que, portanto, todos deveriam inverter o curso de suas revoluções e não mais aceitar essa injusta exploração. Também não faria a menor diferença que Plutão passasse a ser classificado como planeta ou não pelos astrônomos. (Delicioso exemplo da natureza convencional do conhecimento científico, já que a ciência mais antiga do mundo acabou decidindo no voto o estatuto do corpo celeste, diga-se de passagem.) Plutão não passaria a interagir com o Sol ou com Urano de modo diferente só porque o elevamos à categoria de planeta ou o rebaixamos à condição de planeta-anão.

Nossas categorizações não afetam em nada o funcionamento de objetos desse tipo. O filósofo canadense Ian Hacking chamou a relação entre essa maneira de categorizar as evidências e esse tipo de objetos de "tipos indiferentes". Ao contrário, se uma cultura, uma comunidade ou uma pessoa é chamada de "anã", podemos supor que haverá reações imediatas e essas reações podem mudar nossa própria classificação. Isso vale especialmente no caso de classificações que *não são indiferentes ao modo como falamos delas.* Classificações psiquiátricas, categorizações que se referem a modos de uso do corpo e da sexualidade e formas de vida não são tipos indiferentes, mas *tipos interativos.*[3] A "homossexualidade" deixou de ser considerada doença pela Classificação Estatística Internacional de Doenças (CID) em 1990, e a "transexualidade", em 2018. O modo como pessoas e comunidades são classificadas e interagem com essas classificações "científicas" modifica as pessoas e as comunidades, assim como as próprias classificações. Por exemplo, o modo como classificamos uma cultura ou uma comunidade empregando categorias como "selvagem", "indígena" ou "originária" também tem feitos interativos.

Mas podemos, com Hacking, ir além dessa dimensão à primeira vista meramente nominalista. O interessante em sua abordagem não diz respeito apenas à legitimação de formas de vida e reconhecimento social, mas que tipos interativos produzem efeitos de looping: "o que se sabia sobre pessoas de um tipo pode se tornar falso, porque as pessoas desse tipo mudaram em virtude do modo como foram classificadas, o que elas acreditam sobre elas mesmas ou pelo modo como foram tratadas ou classificadas".[4] Mais ainda, tudo isso pode ter efeitos não apenas no plano do reconhecimento social, mas também no nível biológico. O autor nomeia esses efeitos de *biolooping,* quer dizer, a interação tem efeitos que complexificam nossa distinção excessivamente simplista entre corpo, psiquismo e sociedade. Níveis plasmáticos de serotonina ou dopamina não dependem apenas de processos

---

3 Cf. P. Beer, *A questão da verdade na produção de conhecimento sobre sofrimento psíquico: considerações a partir de Ian Hacking e Jacques Lacan.* São Paulo: Perspectiva (no prelo).

4 Ian Hacking, *The Social Construction of What?* Cambridge: Harvard University Press, 1999, p. 104.

18. Racionalidade e contingência

naturais apartados do modo como falamos, classificamos e tratamos, por exemplo, pessoas com sintomas depressivos.

Com isso em mente, podemos retomar o problema de nossas concepções quase espontâneas de causalidade que se chocam com a configuração complexa do real. Ora, uma teoria causal clássica pressupõe que a "seta do tempo" trabalha sempre em sentido unidirecional: um evento anterior em t_1 é a causa de um evento posterior em t_2.[5] Longe de teorias causais simples, lineares ou unívocas, a psicanálise constrói – ou pelo menos sugere – hipóteses causais complexas, incluindo, por exemplo, a perspectiva da sobredeterminação de eventos psíquicos, envolta em uma robusta teoria do tempo na qual o passado determina o presente, mas, ao mesmo tempo, deixa-se reconfigurar pelo futuro.

Na segunda parte de *Projeto de uma psicologia*, de 1895, Freud apresenta o caso Emma.[6] Uma das questões fundamentais desse caso refere-se à temporalidade retroativa do sintoma. Segundo Freud, a causação do sintoma se dá em dois tempos (t_1 e t_2). Além disso, a direção da causalidade é invertida. É o segundo tempo que determina o primeiro, no sentido em que a cena posterior desencadeia aquilo que na cena traumática mais antiga teria sido inscrito, porém apenas como uma espécie de pequeno circuito, ele próprio desconectado de outras redes neurais. Essa temporalidade retroativa (*nachträglich*) é central para mostrar que o trauma é um acontecimento em dois tempos. O "trauma" só é verdadeiramente "traumático" quando, por cadeias associativas, um segundo evento detona, digamos assim, o potencial explosivo retido no primeiro. A diferença entre real e simbólico é funda-

---

5 Distinguir uma relação causal e uma mera correlação não é tão simples quanto parece. De maneira geral, do ponto de vista lógico, caracteriza-se uma relação causal quando satisfazemos a condição: "Se não *A*, então não *B*".

6 S. Freud, *Projeto de uma psicologia* [1895], in *Obras completas*, v. 2, trad. Paulo César de Souza e Laura Barreto. São Paulo: Companhia das Letras, 2016.

mental para formalizar esse conceito freudiano. Nota-se que a causalidade aqui é não linear (dada a desproporção positiva ou negativa entre a causa e o efeito), funciona por retroalimentação (um evento posterior modula a causação do evento anterior), e o sintoma *emerge* como resultado complexo de interações simples, elas próprias imprevisíveis e contingentes. Nesse sentido, a própria constituição de um sintoma implica o que hoje chamamos de *emergência*, ou seja, um processo de formação de sistemas complexos a partir de interações relativamente simples.[7] No interior de um conjunto de relações, sob dadas condições e contingências, emerge uma nova propriedade. É mais ou menos assim que Freud descreve a aparição de novas estruturas psíquicas.

O exemplo citado trata de um sintoma histérico, que independe, até certo ponto, de fatores etiológicos orgânicos ou disposicionais. Mas serve para mostrar que mesmo sintomas neuróticos exigem uma teoria complexa da causalidade, que pode conter, por exemplo, efeitos de looping ou retroalimentação que embaralham nossa concepção linear da sequência passado, presente e futuro. Mais fundamentalmente, no entanto, trata-se de uma aposta irredutível na clínica do singular.

Tal aposta aparece, aliás, de forma surpreendente quando revisitamos as teses freudianas relativas à causação do sintoma no cruzamento entre o constitucional e o acidental. Nesse ponto, é preciso desativar certo lugar-comum da psicanálise de que o sintoma – por excelência, o sintoma histérico – seria uma

---

7 Num sistema emergente, não se podem inferir os efeitos a partir da análise das propriedades dos elementos constituintes da causa. O funcionamento complexo de um sistema emergente não está contido em nenhuma entidade causal ou microestrutura em particular. O formato e o comportamento de um bando de pássaros ou de um pelotão de ciclistas são bons exemplos de sistemas emergentes. A relação entre um trauma e um sintoma pressupõe uma teoria de redes – que nada deve aos grafos matemáticos eulerianos – e uma teoria da emergência.

18. Racionalidade e contingência

construção puramente psíquica, nem um pouco orgânica ou somática, isto é, sem nenhum tipo de substrato biológico ou constitucional. Para afastar o fantasma da essência ou da natureza, que frequentemente introduz no pensamento uma retórica trágica ou quase teológica do incontornável, do fatal ou do inevitável, expulsamos a biologia de nossas narrativas, muitas vezes com as melhores justificativas.

O próprio Lacan, ao passar do paradigma do sujeito e do desejo ao modelo do *falasser* e do gozo, parece ultrapassar essa dicotomia entre natureza e cultura que marcou o primeiro momento do seu ensino. O corpo em psicanálise não cabe na biologia, mas não a nega. O corpo é também fantasiado, imaginado, marcado simbolicamente pela cultura e assim por diante. Contudo, é preciso certa sutileza para ler o que há de radical nesse gesto: trata-se de uma concepção do corpo que não corresponde a uma versão ingênua de uma biologia fechada em si mesma e indiferente ao modo como falamos dela.

Nesse sentido, é preciso superarmos nossas confortáveis fronteiras disciplinares, que distribuem fatores "naturais" (disposicionais, genéticos...), fatores "psicológicos" e fatores "socioculturais" em diferentes prédios universitários. As aspas, nesses casos, deveriam ser duplicadas ou triplicadas, para indicar uma certa artificialidade nessas delimitações. Ao mesmo tempo, a psicanálise freudiana está longe de endossar uma abordagem "biopsicossocial" da experiência humana, especialmente se esse termo designar um tratamento holístico ou integral. Muitos casos clínicos exigem colaboração multiprofissional, multidisciplinar e assim por diante. "Multi" não quer dizer "integral". A psicanálise trabalha com as esferas "bio", "psico" e "social", justamente para mostrar não apenas zonas de intersecção, mas sobretudo regiões de indeterminação. Tudo aqui é litoral. O sujeito da psicanálise está *entre* corpo e psiquismo, *entre* psicologia individual e social, *entre* corpo e sociedade, *entre* o necessário e o impossível. A ênfase deve recair nesse "entre", entendido como espaço de intersecção e conflito, entre o litoral e o literal, em que as palavras funcionam como "anéis cujo colar se fecha no anel de um outro colar feito de anéis".[8]

Mais do que isso, pensar a sobredeterminação de um sintoma hoje, incluindo fatores disposicionais, contingenciais, contextos interseccionais e assim por diante, requer uma teoria da causalidade complexa, sem abdicar em nenhum momento da materialidade do objeto. Não podemos mais nos contentar com dilemas do tipo "tal doença, tal transtorno, tal condição é de origem psíquica ou orgânica?".

---

8 J. Lacan, "Função e campo da fala e da linguagem em psicanálise" [1953], in *Escritos*, trad. Vera Ribeiro. Rio de Janeiro: Zahar, 1998, p. 505.

18. Racionalidade e contingência

19. A cientificidade da psicanálise

"Intimidade" não é o termo que melhor descreve as relações entre psicanálise e ciência. Diversos fatores contribuem para isso. Antes de tudo, precisamos ter absoluta clareza de que, na imensa maioria das investidas contra a cientificidade da psicanálise, o debate nunca, ou quase nunca, é sobre ciência. Discute-se a inexistência de provas empíricas de hipóteses teóricas; alega-se a impossibilidade de verificação experimental de enunciados e conceitos, com a expectativa de encontrar, por exemplo, correlatos neuronais das instâncias e processos psíquicos postulados; critica-se a falta de evidência da eficácia clínica etc. Esses são os principais argumentos equívocos ou falaciosos mobilizados para afirmar que a psicanálise é uma pseudociência, e uma fraude. Não demora para a discussão descambar para a desqualificação moral de seu fundador.

Na maior parte das vezes, o que está em jogo não são questões de natureza propriamente epistemológica, envolvendo validação ou justificação e assim por diante. Salvo honrosas exceções, o que está em jogo são disputas políticas, que envolvem prestígio, reconhecimento e inserção em espaços variados, especialmente na academia, nos serviços de saúde e no multibilionário mercado da saúde mental. Essa é a primeira coisa que devemos ter em mente antes de respondermos a esta ou àquela provocação dissimulada, ou nem tão dissimulada assim, sob a máscara de nobre preocupação com a validade ou eficácia da psicanálise.

Em geral, perguntas que não podem ser respondidas estão mal formuladas. Precisamos ensinar a mosca a sair da garrafa, como dizia Wittgenstein. Lacan preferiu, por exemplo, mostrar que a ciência é condição da psicanálise, mas que esta ocupa em relação àquela uma posição êxtima, ou seja, ao mesmo tempo de exterioridade e de intimidade. Embora solidária da racionalidade científica, a psicanálise lida com a lata de lixo da ciência. A clínica nos comprova isso diariamente: "Estou procurando você porque o médico disse que a minha questão é de fundo emocional" ou: "O psiquiatra me deu uma receita sem escutar a minha história" ou então: "Tentei uma terapia cognitivo-comportamental e o terapeuta me indicou sessões de *mindfulness* e respiração". Que fique claro de uma vez por todas: *não existe uma teoria científica da ciência*. O cientista faz ciência; quem produz teorias sobre o fazer científico são epistemólogos, antropólogos, historiadores, filósofos e assim por diante. Quando um cientista julga a cientificidade de um campo que ele desconhece, não emite um juízo científico, mas, sim, um juízo ideológico. Cientificismo é o nome que se dá à ilusão ideológica de que todo conhecimento, para ser válido, é ou deve ser científico. No que se segue, inspiramo-nos na pergunta central colocada por Lacan: *o que seria uma ciência que incluísse a psicanálise?* A psicanálise é um acontecimento que exige uma ampliação do conceito de razão, e não sua negação. Aliás, aqueles que eventualmente estejam preocupados com o obscurantismo e o negacionismo contemporâneos deveriam se preocupar com o fato de que não foram psicanalistas ou suas instituições, mas uma parte importante da classe médica que endossou o discurso obscurantista da cloroquina, por exemplo. A psicanálise nunca abandonou a razão. Ao contrário, propõe uma razão que inclua o inconsciente.

Definir o que vem a ser *ciência* e estabelecer critérios de cientificidade não é tarefa fácil, justamente por isso discursos que ignoram as controvérsias históricas e a multiplicidade de posições antagônicas, escolhendo uma versão unitária e inequívoca para demarcar a ciência da não ciência, não raro estão a advogar uma posição entre outras, sem apresentar ou justificar a parcialidade de sua própria posição. Muitas vezes, filósofos da ciência que se empenharam nessa tarefa chegaram a resultados constrangedores. Critérios demasiado estritos de cientificidade com frequência deixam de fora ramos do conhecimento tradicionalmente associados à nossa imagem de ciência. Ênfase na verificabilidade empírica de proposições ou restrição a enunciados em algum grau dependentes de pressupostos metafísicos poderiam gerar o dilema de, por exemplo, ou rejeitar a cientificidade de certos setores da matemática ou renunciar a protocolos rígidos de cientificidade. No entanto, critérios demasiado frouxos acabam implicando a aceitação contraintuitiva de certas práticas que dificilmente poderiam ser vistas como científicas, como a astrologia, para pegarmos um caso extremo.

A epistemologia atual parece afastar-se mais e mais do problema da demarcação, isto é, cada vez mais o problema de determinar critérios gerais capazes de demarcar epistemicamente as fronteiras entre ciência e não ciência, ou de propor critérios racionais para a escolha entre teorias rivais, tem mostrado suas limitações. Isso vale não apenas para as ciências humanas e sociais mas também para ramos historicamente mais bem identificados com a atividade científica, como as assim chamadas ciências duras. Nem mesmo a estratégia de deslocamento do prescritivismo em direção ao descritivismo conseguiu superar as aporias acima esboçadas. No limite, esse abandono progressivo de critérios epistemológicos universalistas e o reconhecimento do caráter normativo da demarcação acaba esbarrando na também indesejável relativização do conhecimento científico e na adoção de critérios não epistêmicos, de tipo psicológicos, sociológicos ou ideológicos, como adesão a crenças, consenso intraparadigmático ou utilidade social.

Uma segunda ordem de dificuldades concerne à definição do que venha a ser *psicanálise*. Os contornos tanto teóricos como práticos da própria psicanálise não são tão claros assim. A não ser por uma sensação mais ou menos vaga de filiação a Freud, não há consenso quanto ao sentido a ser dado a alguns de seus conceitos fundamentais, assim como não há consenso nem mesmo quanto aos objetivos do tratamento analítico e aos limites de sua aplicação. Correntes tão distintas como a kleiniana, a winnicottiana, a lacaniana, sem contar os hibridismos dos mais heteróclitos, divergem não apenas do ponto de vista dos pressupostos teóricos e das técnicas, mas também do que se entende por processo ou cura analítica. Vimos que a própria definição do campo das psicoterapias psicodinâmicas pode ser inferida pelo número de teses freudianas recusadas pelas diferentes configurações que ela admite. Essas dificuldades incidem de maneira ainda mais forte quando se trata da extensão da psicanálise a dispositivos clínicos não clássicos, como a psicanálise aplicada a hospitais ou instituições, ou quando se trata da incorporação de técnicas oriundas de outras tradições psicoterápicas ou do fornecimento de subsídio conceitual psicanalítico a outras práticas terapêuticas.

Contudo, mesmo que as dificuldades para definir o que é ciência e o que é psicanálise pudessem ser superadas, restaria ainda a tarefa de estabelecer critérios de pertinência e limites de tolerância para a atribuição do predicado "ciência" ao argumento "psicanálise". Desse modo, não faz sentido defender a cientificidade da psicanálise, tampouco repudiá-la pela suposta *acientificidade*, ainda que se tenha usado a noção lacaniana de objeto para falar desse hiato produtivo entre psicanálise e ciência.[1]

Ambas as posições não fazem senão ecoar o caráter meramente endossador de que goza a palavra "ciência" em nossa cul-

---

1 Cf. Joel Dor, *A acientificidade da psicanálise*. Porto Alegre: Artes Médicas, 1988.

19. A cientificidade da psicanálise

tura, na qual o status de cientificidade é visto como uma via de acesso a títulos de nobreza do mais alto valor, capazes de garantir ingresso no campo da autoridade e amealhar prestígio social, financiamento de pesquisas, inserção institucional ou presença no mercado editorial. Como se a postulação da cientificidade da medicina, por exemplo – ou das ciências que formam sua base teórica – fosse isenta de problemas e não fosse envolta em configurações culturais mais amplas, que englobam aspectos históricos, políticos, ideológicos etc. Ou alguém ainda tem dúvida de que saúde e doença são categorias fortemente dependentes de normas sociais, valores morais e preconceitos estéticos? Basta passar os olhos na variação histórica do modo como representamos no corpo os ideais de beleza e de saúde ao longo do tempo.

É certo que há um sentimento mais ou menos difuso de que as neurociências ou a psicologia experimental conformam-se melhor ao epíteto de ciência-padrão do que outros ramos da psiquiatria ou da psicologia. É preciso salientar que se isso é – pelo menos em parte – verdade, é também verdade que a imagem de ciência subentendida nesse caso não corresponde de maneira alguma a critérios epistemologicamente neutros e aceitos universalmente. Está em jogo muito mais um problema de natureza política, relativo a critérios utilitários de legitimação, do que critérios epistemológicos. Isso não quer dizer que não haja diferenças entre conhecimentos científicos e não científicos ou mesmo pseudocientíficos. Quer dizer apenas que não dispomos de critérios epistêmicos capazes de traçar a linha divisória e que, ao que tudo indica, o problema, quando colocado em termos generalizantes, está mal formulado, como mostramos na primeira parte deste livro, "Nem ciência nem pseudociência".

Mas a suspensão do caráter normativo da pergunta pela cientificidade não quer dizer que a psicanálise possa se furtar à tarefa de explicitar protocolos para validação de sua práxis e conceitos. É necessário, porém, que ela possa estabelecer parâmetros internos, a partir da própria esfera de racionalidade que ela instala. Evidentemente, esses critérios não podem fechar-se em si mesmos. É preciso confrontá-los com a vasta gama de saberes e práticas sociais com as quais a psicanálise precisa ombrear, sem que seja preciso recorrer ao que Mary Hesse chamou de "*cross-theory criteria*"[2] ou ao mito das "posições-padrão" de John Searle.[3] Não por acaso, a psicanálise nunca se furtou à tarefa de medir-se também com práticas artísticas e culturais, como a literatura, a filosofia, a teoria social, entre outras.

Embora a concepção lacaniana de ciência não tenha nada de trivial e seja absolutamente central para a formalização de uma teoria do sujeito e do objeto, ela não responde à demanda inicial sobre a cientificidade ou não da psicanálise. Paradoxalmente, é nisso que reside sua força e seu interesse. Tudo se passa como se Lacan recusasse de saída a colocar o problema da cientificidade da psicanálise sob a égide do problema epistemológico da demarcação, que cada vez mais se mostra obsoleto. Contudo, mesmo que a concepção lacaniana de ciência não dê conta da complexidade da produção científica atual (mostrando-se insuficiente, por exemplo, para pensar os desenvolvimentos recentes de certos setores da biologia, em que a matematicidade não desempenha papel tão preponderante e a singularidade contingente ganha força insuspeitada), ainda assim ela é relevante, pois incide na própria constituição da racionalidade psicanalítica.

O que gostaríamos de fazer aqui é apenas delinear um modelo para a colocação do problema das relações entre psicanálise e ciência em outros termos, a partir de um operador interno à própria psicanálise que pode se mostrar heuristicamente profícuo.

---

2 Mary Hesse, *Revolutions and Reconstructions in the Philosophy of Science.* Bloomington: Indiana University Press, 1980, p. XIV.

3 John R. Searle, *Mente, linguagem e sociedade*, trad. F. Rangel. Rio de Janeiro: Rocco, 2000, pp. 18-19.

Nossa estratégia consiste em avaliar se a noção lacaniana de extimidade pode ser empregada para pensar o lugar da psicanálise em relação à ciência. Extimidade, originalmente, designa a operação de "inclusão externa",[4] proposta a fim de formalizar a modalidade da relação do sujeito com o significante. É possível dizer que a psicanálise está incluída externamente na ciência e, por isso, constitui-se como ciência êxtima?[5]

A tese de Lacan é que a ciência – por exigências de ordem metodológica ou epistemológica – exclui a singularidade radical do sujeito, enquanto a psicanálise – por um imperativo ao mesmo tempo ético e estético – a acolhe. Tese que seria banal, não fosse o fato de o sujeito ser um lugar vazio onde se entrecruzam verdade e contingência.

A fórmula programática de Lacan admite o paradoxo instaurado pela equação dos sujeitos: "Dizer que o sujeito sobre quem operamos em psicanálise só pode ser o sujeito da ciência talvez passe por um paradoxo".[6] Assim, ao operar sobre o sujeito sem qualidades e sem consciência de si, correlato antinômico da ciência moderna, a psicanálise seria, a um tempo, prova e efeito do corte que a ciência impõe. É a revolução científica moderna que faz surgir o universo infinito, linguageiro e contingente que condiciona o advento da psicanálise. Escrever "A ciência" no singular e com maiúscula justifica-se não para unificar metodológica ou epistemologicamente os diversos tipos de ciência, mas porque a ciência como acontecimento histórico e social caracteriza-se:

---

4   Jean-Claude Milner, *A obra clara: Lacan, a ciência, a filosofia* [1995], trad. Procópio Abreu. Rio de Janeiro: Zahar, 1996, p. 85.

5   Tomo a expressão emprestada a François Regnault, *Conférences d'esthétique lacanienne*. Paris: Agalma-Seuil, 1997, p. 75.

6   J. Lacan, "A ciência e a verdade" [1965], in *Escritos*, trad. Vera Ribeiro. Rio de Janeiro: Jorge Zahar, 1998, p. 873.

por uma radical mudança de estilo no *tempo* [andamento] de seu progresso, pela forma galopante de sua imisção [interferência, intromissão] em nosso mundo, pelas reações em cadeia que caracterizam o que podemos chamar de expansões de sua energética. Em tudo isso nos parece radical uma modificação em nossa posição de sujeito, no duplo sentido: de que ela é inaugural nesta e de que a ciência a reforça cada vez mais.[7]

Lacan não pretende submeter a psicanálise a qualquer método científico preexistente, tampouco submeter a cientificidade da psicanálise à subordinação dela a qualquer outra disciplina-piloto. A pergunta propriamente lacaniana não é quais condições a psicanálise deve satisfazer para se transformar numa ciência, mas, ao contrário, "*o que é uma ciência que inclua a psicanálise?*".[8] A situação pode, então, ser resumida do seguinte modo. Por um lado, a psicanálise nasce no universo já constituído pela ciência moderna e não sonha com algum idílico estado de coisas anterior ao corte que a matematização e a infinitização do universo impõem. Nesse sentido, a psicanálise opera exatamente sobre o sujeito produzido nesse universo da ciência. Ela não visa devolver ao sujeito algo como uma "plenitude perdida", uma "reconciliação com o sentido do ser", ou ainda um "estado anterior à separação entre sujeito e objeto". Mas, se a psicanálise opera sobre o sujeito da ciência, por outro lado ela não se subordina à concepção moderna que identifica razão e cientificidade e que torna a verdade uma categoria inerte do ponto de vista ético, muito menos compartilha alguma fé obsedante quanto à exclusividade ou superioridade da ciência como estratégia cognitiva. Para a

---

7   Ibid., pp. 869–70.
8   Id., "Os quatro conceitos fundamentais da psicanálise: resumo do seminário de 1964", in *Outros escritos*, trad. Vera Ribeiro. Rio de Janeiro: Zahar, 2003, p. 195.

19. A cientificidade da psicanálise

psicanálise, ainda que a natureza esteja escrita em caracteres matemáticos, ou seja, que o simbólico possa representar o real, resta algo que escapa inexoravelmente a essa redução.

Crítico do pensamento analógico e entusiasta da formalização, Lacan deparou-se cedo com impasses inevitáveis da formalização científica. A história de seu pensamento confunde-se com a história das sucessivas tentativas de superação dos impasses internos a cada modelo de formalização adotado. O recurso à estrutura, ao matema, à topologia e à teoria dos nós é apenas parte dessa estratégia. Certa ou errada, sua estratégia permite intuir uma alternativa à hegemonia do método indutivo ou estatístico das ciências tradicionais, em contraste com uma estratégia baseada em modelos de formalização. É verdade que tanto sua concepção de ciência quanto seu conhecimento da história das ciências demonstram a intimidade de Lacan com a epistemologia histórica de seu tempo. Se, apesar dessa intimidade, ele preferiu pensar a psicanálise como ciência êxtima, não é por acaso.

Discurso, linguagem e razão
entre ciência e psicanálise

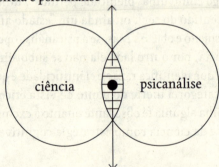

Furo que a psicanálise introduz na ciência

O meu pensamento é o seguinte:
– as pitonisas da totalidade e do sentido,
os jacarés falantes do teologismo,
falam a mesma linguagem
dos rinocerontes cegos do epistemologismo.
Bento Prado Jr.

Conclusão

Muitos se preocupam com a *sobrevivência* da psicanálise no século atual. Desde que Luís XVI nomeou uma comissão mista para estudar os efeitos terapêuticos das práticas de influência pela palavra, verificada nas práticas de cura promovidas por um discípulo de Franz Anton Mesmer, a sobrevivência de tais práticas vem acompanhando as definições e redefinições de ciência. Lembremos que o resultado da comissão, composta por Antoine Laurent de Jussieu, Antoine-Laurent de Lavoisier e Benjamin Franklin, em 1784, foi ambíguo. Os conceitos ligados à teoria do magnetismo animal não podem ser reconhecidos pela ciência, mas o fenômeno da influência à distância, ou como uma pessoa pode transformar estados psíquicos de outra, causando-lhe melhora ou recuperação de vários sintomas, é inegável.[1] Quase um século depois, Freud criticava os partidários do hipnotismo e das psicoterapias por sugestão argumentando que, se a sugestão explica tudo, o que explica a sugestão? Um século depois, os efeitos irregulares e de alta covariação cultural como esses são absorvidos ao conceito-tampão de "efeito placebo", sem que se tenha uma boa explicação para isso. Sabe-se, no entanto, que pílulas coloridas curam mais do que pílulas brancas. Sabe-se também que antidepressivos curavam mais há quarenta anos,

---

1 Cf. Léon Chertok e Isabelle Stengers, *O coração e razão: a hipnose de Lavoisier a Lacan*, trad. Vera Ribeiro. Rio de Janeiro: Zahar, 1989.

quando eram uma novidade, do que hoje, quando já fazem parte de nossa rotina de enfrentamento do sofrimento.

Ao que tudo indica, o problema da cientificidade da psicanálise encontrou um bom ponto de partida na forma que Freud lhe deu, a saber, separar a psicanálise como um método de tratamento de afecção neuróticas; um método de investigação baseado na hipótese do inconsciente; e uma nova ciência. Afinal, essa foi também a separação levada a cabo por Grünbaum, em 1984, em sua crítica à psicanálise. Recordemo-nos do que faz sua crítica:

1. Recusa a localização da psicanálise como "nova" ciência hermenêutica.

2. Aponta a falta de evidências sobre a eficácia terapêutica da psicanálise.

3. Assinala a ausência de provas extraclínicas.

4. Critica textual e logicamente a teoria psicanalítica da cura.

5. A psicanálise não é uma pseudociência pelos critérios de Popper, mas ainda assim apresenta dificuldades para inscrever-se como ciência.

Segundo esse modelo, o paciente se cura quando o analista verbaliza uma ideia inconsciente, religando seu aspecto de representação-palavra à sua inscrição como representação-coisa, reconectando afeto e representação, ou reunindo o traço auditivo ao visual da lembrança recalcada. Em todos esses casos, a psicanálise cura por refazer uma conexão com um saber inacessível ao paciente por ele mesmo. Confunde-se aqui a interpretação como um procedimento epistemológico de produção de conhecimento com a interpretação como um processo de transformação do saber. Radicalizando dessa maneira a teoria da transformação em psicanálise, ao torná-la exclusiva dos psicanalistas, Grünbaum mostrou sua contradição lógica.

Neste livro, discutimos a atualização desses problemas, mostrando sumariamente que:

1. A psicanálise não precisa ser uma hermenêutica para cofuncionar com teorias da linguagem, seja ela de corte antropológico, formal, pragmático ou histórico.
2. A psicanálise apresenta evidências claras e inequívocas de sua eficiência e eficácia psicoterapêutica.
3. Existem provas extraclínicas sobre conceitos e hipóteses psicanalíticas, admitidas pelo próprio Grünbaum.
4. A teoria da cura, assim como as vertentes de psicanálise, varia bastante quando abordamos o campo extenso e historicamente diverso de práticas derivadas de Freud e de suas descobertas.
5. A psicanálise não é uma pseudociência, nem nos termos de Popper nem de Sven Ove Hansson, pois apresenta evidências, não se furta ao debate com a ciência e não se apresenta como uma ciência em toda a sua extensão e na variedade de aspectos que a definem.

Em primeiro lugar, a definição do que vem a ser neurose tornou-se cada vez mais problemática após a decomposição da histeria em inúmeras outras formas de transtornos, notadamente depois de 1973. O segundo problema confere com uma das primeiras críticas dirigidas a Freud, ou seja, que a psicanálise declarava curar doenças que ela mesma criava. A crítica é de certa forma correta e verdadeira. O que o psicanalista cura não é a "neurose", seja lá o que isso signifique em estado "selvagem", deslocando aqui o sentido de "psicanálise selvagem" para aquilo que seria seu objeto "natural". A psicanálise reverte sintomas reproduzidos sob transferência, mas que, uma vez tratados dessa forma, no interior de uma relação por processos de linguagem, acarreta resultados que permanecem mesmo fora desse contexto.

Ian Hacking, historiador e teórico da ciência, veio em nosso auxílio, tanto para mostrar que existem certos fenômenos que são criados por práticas de nomeação, ao contrário dos tipos naturais, quanto por argumentar que nenhum fenômeno é enfrentado pela ciência sem um instrumento, técnica ou laboratório que permita controlar sua produção ou observação.[2] É exatamente assim que Freud concebe a transferência: como uma situação que não apenas reproduz estruturas de relação exteriores ao laboratório analítico mas também "cria" fenômenos que acontecem na natureza, como o amor e a identificação, e que, nesse contexto, são acentuados por certas técnicas, como a associação livre, a atenção flutuante, o processo de rememoração histórica e reconstrução narrativa e intersubjetiva das razões, causas e motivos envolvidos nas formações do inconsciente. Se a maneira como o paciente nomeia seu sofrimento e a psicanálise desloca essa nomeação incide na natureza ontológica do sofrimento que ele designa, surge um problema para comparar a efetividade dessa transformação, não só porque a ideia de placebo não pode ser trivializada, mas por que estratégias de nomeação diferentes podem agir diferentemente em diferentes pacientes, de tal maneira que seria muito difícil objetivar a melhora dos pacientes sem recorrer a duvidosas escalas de mensuração de qualidade de vida ou diagnóstico de depressão. Isso não decorre de uma fragilidade do método científico em si, mas de sua aplicação a um campo para o qual seus objetos são necessariamente definidos e criados pela linguagem.

---

2 Cf. I. Hacking, "World-Making by Kind-Making: Child Abuse for Example", in Douglas Mary e David Hull (orgs.), *How Classification Works: Nelson Goodman Among the Social Sciences*. Edinburgh: Edinburgh University Press, 1992, pp. 181-238; Monika Krause e Michael Guggenheim, "The Couch as a Laboratory? The Spaces of Psychoanalytic Knowledge-Production Between Research, Diagnosis and Treatment". *European Journal of Sociology*, v. 54, n. 2, 2013, pp. 187-210.

Conclusão

Nesse ponto, Grünbaum e seus continuadores estão certos e errados.[3] A psicanálise não é uma hermenêutica, mas nem toda perspectiva que tome a linguagem como referente precisa ser investida dos relativismos culturais que pensam o sentido a partir da posição pela qual "o sujeito cria o objeto".[4] Assim como a neurose foi declinada historicamente em inúmeras outras estratégias de nomeação, a própria teoria freudiana foi decomposta em inúmeras derivações, reações, refacções e programas clínicos. Alguns são claramente opostos entre si, ainda que guardem compromissos semelhantes e variados com uma espécie de mítica fundacional representada pelo texto freudiano. Podemos dizer, assim, que o próprio objeto da crítica – reduzido ao texto freudiano, a aspectos bem restritos de sua teoria do conflito inconsciente e a sua teoria da reversão de sintomas – torna-se um objeto conjectural. As alterações conceituais e clínicas experimentadas pela psicanálise em seu mais de um século de existência nos autorizam a supor que ela não é uma ciência, mas várias. Uma maneira simples de organizar esse "objeto" epistemicamente anômalo seria conjecturar que se trata de um objeto assemelhado ao que Thomas Kuhn chama de "anomalias epistemológicas",[5] ou seja, fenômenos que deveriam ser explicados por um determinado paradigma, mas ainda assim não o são. Trabalhos

---

3   Cf. A. Grünbaum, *The Foundations of Psychoanalysis: A Philosophical Critique*. Oakland: University of California Press, 1984; "Critique of Psychoanalysis", in Simon Boag, Linda A. W. Brakel e Vesa Talvitie, *Philosophy, Science, and Psychoanalysis: A Critical Meeting*. London: Karnak, 2002.

4   Cf. G. Iannini, *Estilo e verdade em Jacques Lacan*. Belo Horizonte: Autêntica, 2004.

5   Thomas Kuhn, *A estrutura das revoluções científicas* [1965], trad. Beatriz Vianna Boeira e Nelson Boeira. São Paulo: Perspectiva, 2019.

como os de Sidarta Ribeiro,[6] Gérard Pommier,[7] Eric Kandel[8] e a neuropsicanálise proposta por Mark Solms[9] mostram que muitas

6 Sidarta Ribeiro, *O oráculo da noite*. São Paulo: Companhia das Letras, 2016.

7 Gérard Pommier, *Comment les Neurosciences démontrent la psychanalyse.* Paris: Flammarion, 2007.

8 Eric Richard Kandel, "Psychotherapy and the Single Synapse: The Impact of Psychiatric Thought on Neurobiologic Research" [1979], in *Psychiatry, Psychoanalysis and the New Biology of Mind.* Washington: American Psychiatric Publishing, 2005, pp. 5-26; "From Metapsychology to Molecular Biology: Explorations into the Nature of Anxiety" [1983], in ibid., pp. 117-56; "A New Intellectual Framework for Psychiatry" [1998], in ibid., pp. 33-58; "Biology and the Future of Psychoanalysis: A New Intellectual Framework for Psychiatry Revisited" [1999], in ibid., pp. 63-106; "Genes, Brains, and Self-Understanding: Biology's Aspirations for a New Humanism" [2001], in ibid., pp. 375-83; *À la Recherche de la mémoire: une nouvelle théorie de l'esprit,* trad. Marcel Filoche. Paris: Odile Jacob, 2007.

9 Mark Solms, *The Neuropsychology of Dreams: A Clinico-Anatomical Study.* Mahwah: Lawrence Erlbaum Associates, 1997; Manfred E. Beutel, Emily Stern e David. A. Silbersweig, "The Emerging Dialogue between Psychoanalysis and Neuroscience". *Journal of American Psychoanalytic Association,* v. 51, n. 3, 2003, pp. 773-801; Josiane Cristina Bocchi e Milena Barros Viana, "Freud, as neurociências e uma teoria da memória". *Psicologia USP,* v. 23, n. 3, 2012, pp. 481-502; Robin L. Carhart-Harris et al., "Mourning and Melancholia Revisited: Correspondences between Principles of Freudian Metapsychology and Empirical Findings in Neuropsychiatry". *Annals of General Psychiatry,* v. 7, n. 9, 2008; Jean-Pierre Changeux, *Neuronal Man: The Biology of Mind.* New Jersey: Princeton University Press, 1997; Robert B. Clyman, "The Procedural Organization of Emotions: A Contribution from Cognitive Science to The Psychoanalytic Theory Of Therapeutic". *Journal of American Psychoanalytic Association,* n. 39, 1991, pp. 349-82; Marcia Moraes Davidovich e Monah Winograd, "Psicanálise e neurociências: um mapa dos debates". *Psicologia em Estudo,* v. 15, n. 4, 2010, pp. 801-9; Marshall Edelson, *Hypothesis and Evidence in Psychoanalysis.* Chicago: University of Chicago Press, 1984; Arnold Goldberg, "Gaps, Barriers, and Splits: The Psychoanalytic Search for Connection". *Neuro-Psychoanalysis,* n. 2, 2000, pp. 61-68; Fred M. Levin, *Mapping the Mind: The Intersection of Psychoanalysis and Neuroscience.* London: Karnac, 2003; Gérard Pirlot, "La Pensée neurophysiologique de S.

Conclusão 275

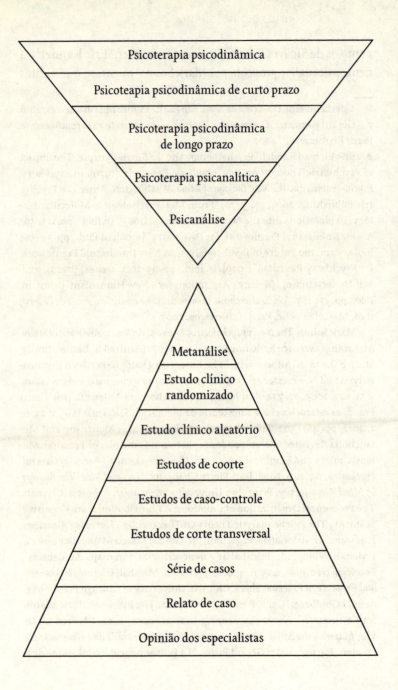

das hipóteses e conceitos psicanalíticos não são disparatados nem incongruentes com os achados das neurociências.[10] O que não resulta que a psicanálise deva se submeter, como uma ciência menor, a uma ciência mais madura que lhe empreste credenciais científicas ou valide seus achados. Isso porque a psicanálise é madura o suficiente, até mesmo para fornecer conceitos, modelos e insights para várias áreas do conhecimento, inclusive para as próprias neurociências. Mas, aqui, novamente enfrentamos o problema da historicidade dos conceitos e da concorrência entre léxicos diferentes, que definiriam perspectivas científicas distintas. Muitos dos conceitos psicanalíticos são precursores genéricos do que se poderia descrever mais e melhor com os novos vocabulários científicos, mas isso ignora que a própria psicanálise introduziu, refez e criticou muitos dos conceitos freudianos, incorporando a análise de suas transformações históricas na e depois da obra freudiana, como parte da boa formação clínica dos psicanalistas.

Ou seja, em certo sentido, a psicanálise não é nem uma ciência nem uma pseudociência; em outro sentido, ela é uma ciência "nova" e, em um terceiro sentido, ela é uma ciência antiga, com uma epistemologia clássica, no interior da qual ciência e história da ciência não podem ser separadas. Nesse sentido, levar a sério a psicanálise é contribuir para a defesa de uma concepção alargada e fecunda não apenas da razão como também da própria ciência. Isso ocorre porque as variedades históricas e antropológicas dos sintomas, o que chamamos de envelope formal do sintoma, e

---

Freud: Peut-elle aider au dialogue entre psychanalyse et neurosciences". *Revue Française de Psychanalyse*, n. 71, n. 2, 2007, pp. 479-500; Richard Theisen Simanke, "O problema mente-corpo e o problema mente-mente da metapsicologia: pontos de convergência entre a psicanálise freudiana e as ciências cognitivas". *Natureza Humana*, v. 8, n. 1, 2006, pp. 93-118.
10   Cf. Mathieu Arminjon, "The Four Postulates of Freudian Unconscious Neurocognitive Convergences". *Frontiers in Psychology*, v. 2, 2011.

suas práticas de interpretação não são abolidas completamente, mas retornam em contextos culturais distintos, repetindo uma certa estrutura que os psicanalistas precisam saber reconhecer.

Assim como existe uma pirâmide das formas de evidência, que na medicina coloca os estudos randomizados com placebo e duplo-cego na cúspide e os relatos de casos clínicos na base, poderíamos imaginar uma pirâmide invertida em que encontramos no topo uma espécie de forma mítica, equivocadamente identificada com a obra de Freud, denominada "a" psicanálise, e nos estratos inferiores, formas intermediárias de psicoterapias, como as psicoterapias de base psicanalítica, a psicoterapia psicodinâmica ou a psicoterapia psicodinâmica de longo prazo. Ou seja, quanto mais nos aproximamos da forma genérica de psicanálise, menor o número de compromissos teóricos, conceituais e práxicos que são assumidos pelo clínico em comparação com o princípio ativo mítico "original".

Assim como alguém que "olha de fora" pode intuir que as psicoterapias cognitivo-comportamentais não formam um bloco unitário, capaz de incluir as psicoterapias comportamentais, que apresentam níveis diferentes de evidência, e as distintas epistemologias, é inaceitável reunir a crítica à psicanálise sob a rubrica da crença no inconsciente dinâmico. Do mesmo modo, podemos pensar numa relação inversamente proporcional entre evidência e singularidade: quanto mais presos estivermos num certo modelo de "evidência", entendida segundo o modelo da replicabilidade, neutralidade e assim por diante, menor será a possibilidade de realização da premissa ética incontornável da psicanálise: a aposta de que cada tratamento é absolutamente singular, no sentido de que a psicanálise se reinventa a cada novo caso, pois ele traz em si próprio as amarrações e soluções que cada um inventa para si.

Do ponto de vista da psicanálise como um método de tratamento das neuroses, a objeção de Grünbaum e dos críticos subsequentes não se sustenta. Se nos anos 1980 ainda era possível confundir a falta de evidências da eficácia das psicoterapias psicanalíticas com evidências negativas, depois de 2008 isso se tornou uma falácia pseudocientífica. Inúmeros trabalhos de grupos de pesquisa independentes mostraram a eficácia equivalente, se não maior, entre a psicanálise e as outras psicoterapias preocupadas com sua sustentação empírica. Mas aqui é preciso salientar que nenhuma prática pode ser diretamente apreciada como mais ou menos científica. O médico diante de seu paciente não está praticando ciência, mas baseando suas decisões nos saberes que ela viabilizou. A regra aqui é que tais decisões não devem contradizer o que se pode conhecer em termos de teoria da memória e do desenvolvimento, assim como não devem infringir regras concernentes aos direitos humanos e prestar atenção aos potenciais efeitos iatrogênicos que o exercício de todo e qualquer método de tratamento traz consigo.

Nesse ponto, depois de apresentar resultados robustos e persistentes por mais de uma década, a psicanálise começou a ser criticada pela baixa qualidade dos métodos de controle de vieses e delineamento experimental. Apesar das contínuas respostas e aperfeiçoamentos, a resposta retórica de nossos críticos insiste em dizer que boas pesquisas clínicas em medicina resistem a tal escrutínio, quando fica cada vez mais claro – como mostrou Falk Leichsenring – que se trata de um artifício para deslocar o argumento da falta de evidência para o de evidências inferiores às de outras psicoterapias. Ora, uma análise da qualidade geral das pesquisas em psicoterapia mostra não apenas uma grande irregularidade de resultados, desde os estudos pioneiros de Hans Eysenck na década de 1950, como também o fato de que a maior parte delas não resiste às mesmas exigências de rigor aos quais os críticos submetem as pesquisas em psicanálise. Isso confirma a natureza retórica de tais críticas e a disposição política de suas motivações, indiretamente associadas com a

Conclusão   279

distribuição de recursos para a pesquisa e de autorização para o uso de tais métodos de tratamento em políticas públicas. Isso mostra também como a psicanálise coloca-se de forma crítica diante do imperialismo metodológico e da transformação da ciência em um conjunto de métricas, fatores de impacto, revistas e outras acreditações, que cada vez mais desqualificam saberes com menos condições de se apresentar com os mesmos recursos de pesquisa em comparação com as tradições hegemônicas. Curiosamente, essa exageração de critérios operacionais, a subordinação de áreas e disciplinas inteiras a cânones metodológicos que lhes seriam estranhos parece constituir um caso típico do que Hansson chamou, por contraste com a noção de pseudociência, de pseudotecnologia.[11]

Que fique claro, para efeitos de políticas públicas e investimento em pesquisa: a psicanálise apresenta as mesmas ou melhores credenciais que qualquer outra forma de psicoterapia. Mas uma boa parte desses resultados acrescenta novos aspectos ao problema, ou seja, além de admitir uma forma genérica chamada psicoterapia psicodinâmica, a psicanálise apresenta-se como algo mais do que uma técnica psicoterápica: como uma experiência ética de transformação e um método clínico de investigação. Inúmeras situações ligadas a experiências de sofrimento são tratáveis pela psicanálise, apesar de estarem excluídas do escopo dos sintomas descritos sob forma de listas diagnósticas. Conflitos intersubjetivos, lutos persistentes, traumas coletivos, sofrimento de raça, classe ou gênero, condições adversas de vida geradas por transições de processos vitais (adolescência, envelhecimento, nascimento), mal-estar gerado pela degradação da saúde do corpo, da insuficiência de nossas leis e pelos efeitos inesperados da natureza fazem parte dessa extensa lista de problemas que não

---

11 Cf. S. O. Hansson, "With All This Pseudoscience, Why so Little Pseudo-technology?" *Metascience: Scientific General Discourse*, v. 2, 2022, pp. 226-41.

são redutíveis a sintomas. Sentimentos de inadequação, esvaziamento, solidão, estranhamento fazem parte do nosso escopo. A perda do pertencimento ao território, comunidade, trabalho e até mesmo ao próprio corpo fazem parte dessa extensa lista de modalidades extraclínicas abordadas pela psicanálise.

Para defender a psicanálise, não é preciso recorrer ao argumento de que existiria algo de irredutivelmente humano, que apenas pode ser alcançado por uma prática que confere importância à empatia, à intimidade ou à proximidade afetiva para produzir seus efeitos.[12] Até certo ponto, o método de investigação psicanalítico não se baseia apenas na indução e na generalização de regularidades empíricas, mas também compreende uma fonte extensa de práticas de linguagem e análises de discurso. Falar genericamente em *influência*, *sugestão* ou *placebo* é desconhecer as descobertas da análise estrutural dos mitos, da linguística da enunciação, da retórica, da filosofia da linguagem e das ciências da linguagem, até as estratégias de redução e formalização de processos de linguagem. Nossos críticos mostram profundo desconhecimento dessas práticas, reduzindo todo o campo que não se submete muito bem ao conceito de "comportamento" ao mentalismo difuso de forças ocultas e poderes misteriosos, como se ainda estivéssemos em 1784 e nos colocássemos ingenuamente o problema de como as palavras podem produzir estados de ânimo e disposições de ação.

Máquinas podem fazer diagnósticos psiquiátricos melhor do que psiquiatras humanos.[13] Por exemplo, a análise dos grafos sobre o discurso pode prever a formação de uma futura crise

---

12 Cf. G. Iannini, *Freud no século XXI*, v. 1: *O que é psicanálise*. Belo Horizonte: Autêntica (no prelo).

13 Cf. Matthew Squires et al., "Deep Learning and Machine Learning in Psychiatry: A Survey of Current Progress in Depression Detection, Diagnosis and Treatment". *Brain Informatics*, v. 10, n. 1, 2023, p. 10.

Conclusão

psicótica, mas apenas quando a pessoa fala de seus sonhos.[14] Uma máquina também pode detectar correlações significantes subterrâneas, em redes de múltiplas dimensões. Nisso, ela não difere tanto do inconsciente estrutural, que não deixa de ser uma máquina. Uma máquina pode conversar, emulando a dimensão intersubjetiva de um tratamento psicoterápico baseado em protocolos. Mas será que pode, como um poeta, fingir que é dor a dor que sente? Há quase unanimidade no sentido de dizer que as profissões do futuro envolvem não apenas conhecimento científico sólido, mas também doses maciças de criatividade, criticidade e poesia.

A matéria bruta do ofício do psicanalista é o resto incalculável, pulsional, real que se esvai por entre as garras do protocolo. Isso nos dá uma ideia do futuro da psicanálise. Ao contrário, o futuro de práticas psicoterápicas que se fundam na lógica estritamente evidencialista, que operam, por exemplo, no tripé diagnóstico-protocolo-técnica padronizada, é bastante incerto. A possibilidade de o paciente interagir com um avatar às 4h50 da manhã, numa noite insone ou durante uma crise depressiva, pode tirar o sono de muitos psicólogos colados a uma visão demasiado estrita de ciência. Não é a ciência que vai salvar o futuro da psicanálise. O que garantirá a sobrevida da psicanálise é sua capacidade de se reinventar cada vez que um paciente fala.

---

14 Cf. Gillinder Bedi et al., "Automated Analysis of Free Speech Predicts Psychosis Onset in High-Risk Youths". *Schizophrenia*, v. 1, art. n. 15030, 2015.

Sobre os autores

CHRISTIAN INGO LENZ DUNKER (São Paulo, 1966) é psicanalista e professor titular do Departamento de Psicologia Clínica do Instituto de Psicologia da Universidade de São Paulo (IP-USP). É graduado, mestre e doutor em psicologia pelo IP-USP. Concluiu o pós-doutorado na Manchester Metropolitan University em 2003 e, em 2007, obteve a livre-docência em psicopatologia e psicanálise no Departamento de Psicologia Clínica do IP-USP. É membro do Fórum do Campo Lacaniano e coordenador do Laboratório de Teoria Social, Filosofia e Psicanálise da USP (Latesfip). Recebeu o Prêmio Jabuti em 2012 e 2016. Colunista, youtuber, podcaster e colaborador regular de diversos jornais e revistas, dedica-se à pesquisa sobre clínica psicanalítica de orientação lacaniana e sua interação com o campo cultural. Palmeirense praticante, gêmeos com ascendente em escorpião e admirador de *Jornada nas estrelas* e suas constelações interestelares.

Obras selecionadas
Lutos finitos e infinitos. São Paulo: Paidós, 2023.
Reinvenção da intimidade: políticas do sofrimento cotidiano. São Paulo: Ubu Editora, 2017
Mal-estar, sofrimento e sintoma: uma psicopatologia do Brasil entre muros. São Paulo: Boitempo, 2015.
Estrutura e constituição da clínica psicanalítica. São Paulo: Annablume, 2012.

GILSON DE PAULO MOREIRA IANNINI (Belo Horizonte, 1969) é psicanalista, editor e professor do Departamento de Psicologia da Universidade Federal de Minas Gerais (UFMG), onde coordena o Laboratório Psicanálise no século XXI (Lab21). Graduado em psicologia pela UFMG, é mestre em filosofia pela mesma instituição e em psicanálise pela Université Paris 8 (2005). É doutor em filosofia (2009) pela USP, onde também realizou pós-doutorado em 2015. Foi professor no Departamento de Filosofia da Universidade Federal de Ouro Preto (UFOP) por quase duas décadas, onde atuou em epistemologia, filosofia da linguagem e filosofia das ciências humanas. É membro da Escola Brasileira de Psicanálise e da Associação Mundial de Psicanálise. Editou mais de noventa livros, sendo coordenador da Coleção Filô e editor da Coleção Psicanálise no Século XXI e das Obras Incompletas de Sigmund Freud, todas pela editora Autêntica. Consultor, revisor e organizador de uma série de periódicos, estuda a relação entre psicanálise, filosofia e linguagem. Escorpiano com ascendente em câncer, ateu graças a deus e atleticano não praticante. Prefere *Star Wars*.

Obras selecionadas

Estilo e verdade em Jacques Lacan. Belo Horizonte: Autêntica, 2012.

Freud no século XXI, v. I: *o que é psicanálise.* Belo Horizonte: Autêntica, no prelo.

(org.) *Vamos falar sobre suicídio?* São Paulo: Cult, 2021.

(org.) *Caro Dr. Freud: respostas do século XXI a uma carta sobre homossexualidade.* Belo Horizonte: Autêntica, 2019.

© Ubu Editora, 2023
© Christian Dunker, Gilson Iannini, 2023

EDIÇÃO Florencia Ferrari e Gabriela Naigeborin
PREPARAÇÃO Mariana Echalar
REVISÃO Cristina Yamazaki
PRODUÇÃO GRÁFICA Marina Ambrasas

EQUIPE UBU
DIREÇÃO EDITORIAL Florencia Ferrari
COORDENAÇÃO GERAL Isabela Sanches
DIREÇÃO DE ARTE Elaine Ramos; Júlia Paccola,
   Nikolas Suguiyama (assistentes)
EDITORIAL Bibiana Leme, Gabriela Naigeborin
DIREITOS AUTORAIS Micaely da Silva
COMERCIAL Luciana Mazolini, Anna Fournier
COMUNICAÇÃO / CIRCUITO UBU Maria Chiaretti,
   Walmir Lacerda
DESIGN DE COMUNICAÇÃO Marco Christini
GESTÃO CIRCUITO UBU / SITE Laís Matias
ATENDIMENTO Cinthya Moreira

1ª reimpressão, 2024

Dados Internacionais de Catalogação na Publicação (CIP)
Elaborado por Vagner Rodolfo da Silva – CRB-8/9410

D919c Dunker, Christian [1966–]; Iannini, Gilson [1969–]
Ciência pouca é bobagem: por que psicanálise não é
pseudociência / Christian Dunker, Gilson Iannini / Prefácio
de Tatiana Roque. São Paulo: Ubu Editora, 2023. 288 pp.

ISBN 978 85 712 6 136 5

1. Psicanálise. 2. Ciência. 3. Pseudociência. 4. História
das ciências. 5. Epistemologia. 6. História da psicanálise.
I. Iannini, Gilson. II. Título.

2023-3437   CDU 159.964.2   CDD 150.195

Índice para catálogo sistemático:
1. Psicanálise 150.195
2. Psicanálise 159.964.2

UBU EDITORA
Largo do Arouche 161 sobreloja 2
01219 011 São Paulo SP
ubueditora.com.br
professor@ubueditora.com.br
❤ ⓞ /ubueditora

FONTES Edita e Manuka
PAPEL Pólen bold 70 g / m²
IMPRESSÃO E ACABAMENTO Margraf